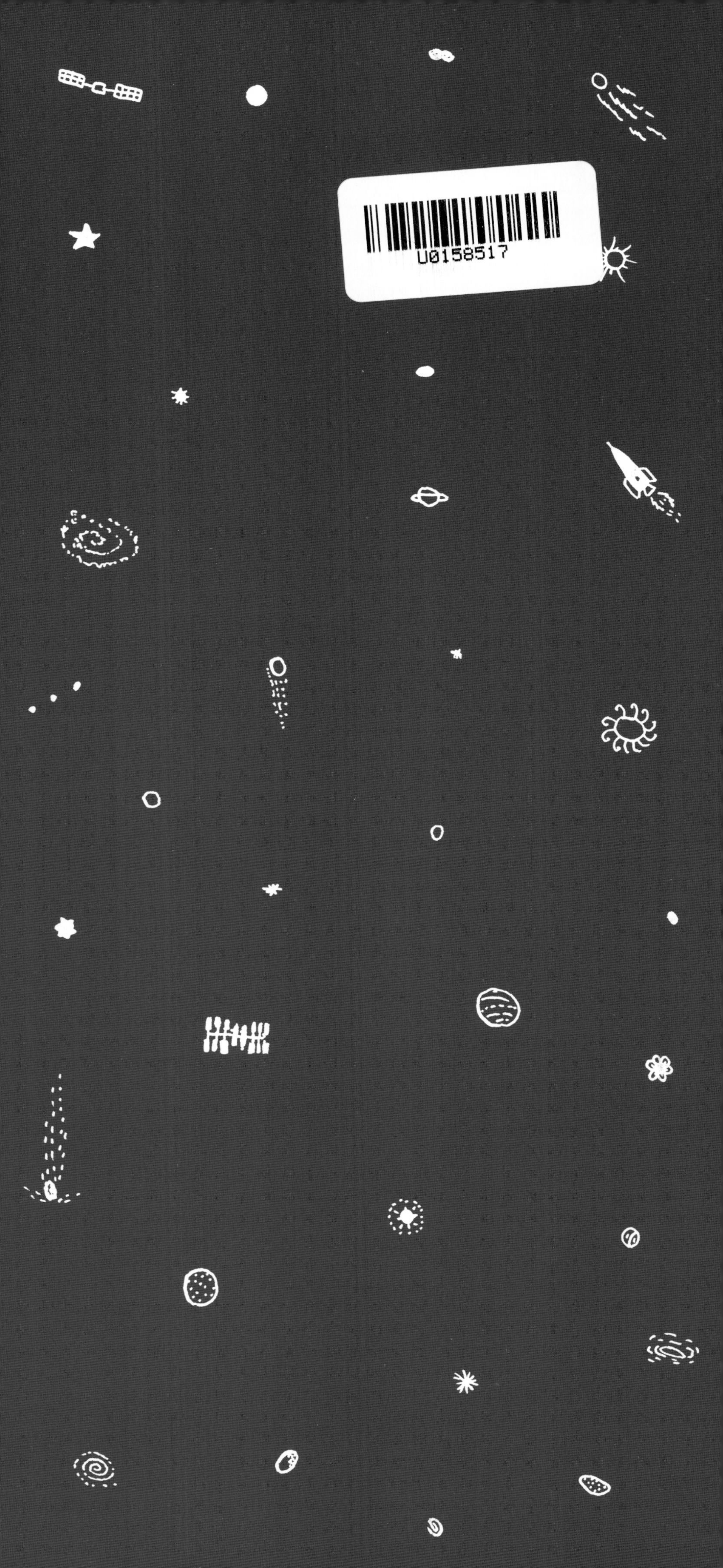
U0158517

古希腊有火箭吗？

人类探索宇宙之旅

[荷兰] 霍弗特·席林 著
[荷兰] 嘉尔科·范德波尔 绘
蒋佳惠 译

電子工業出版社
Publishing House of Electronics Industry
北京·BEIJING

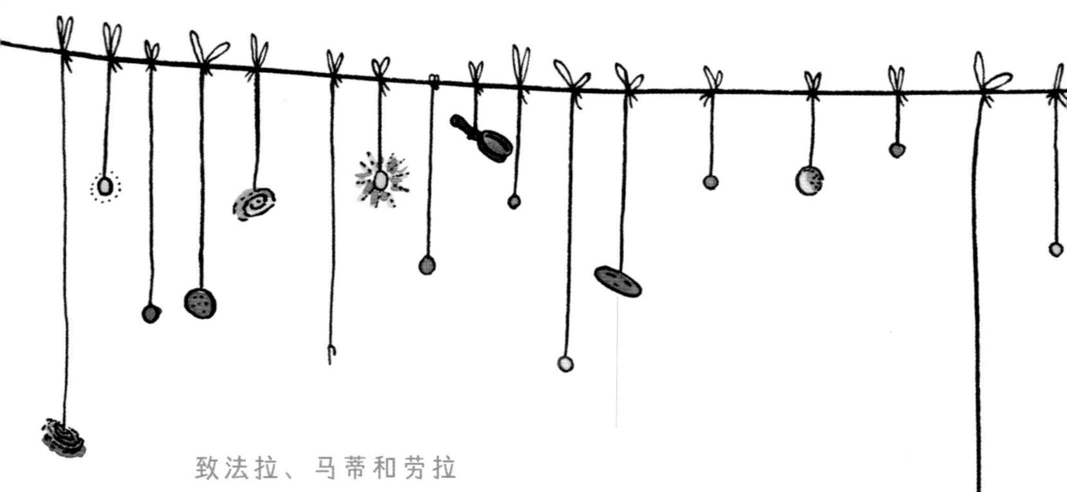

致法拉、马蒂和劳拉

Nederlands letterenfonds
dutch foundation
for literature

This publication has been made possible with financial support from the Dutch Foundation for Literature.
感谢荷兰文学基金会对本书的支持。

版权贸易合同登记号 图字：01-2022-0678

图书在版编目（CIP）数据

古希腊有火箭吗？：人类探索宇宙之旅 /（荷）霍弗特·席林著；（荷）嘉尔科·范德波尔绘；蒋佳惠译. --北京：电子工业出版社，2022.10
ISBN 978-7-121-44162-2

Ⅰ. ①古… Ⅱ. ①霍… ②嘉… ③蒋… Ⅲ. ①宇宙－普及读物 Ⅳ. ①P159-49

中国版本图书馆CIP数据核字（2022）第151411号

责任编辑：张莉莉
印　　刷：北京利丰雅高长城印刷有限公司
装　　订：北京利丰雅高长城印刷有限公司
出版发行：电子工业出版社
　　　　　北京市海淀区万寿路173信箱　邮编：100036
开　　本：720×1000　1/8　印张：12　字数：98.5千字
版　　次：2022年10月第1版
印　　次：2022年10月第1次印刷
定　　价：108.00元

凡所购买电子工业出版社图书有缺损问题，请向购买书店调换。
若书店售缺，请与本社发行部联系，联系及邮购电话：（010）88254888，88258888。
质量投诉请发邮件至 zlts@phei.com.cn，盗版侵权举报请发邮件至 dbqq@phei.com.cn。
本书咨询联系方式：（010）88254161 转 1835。

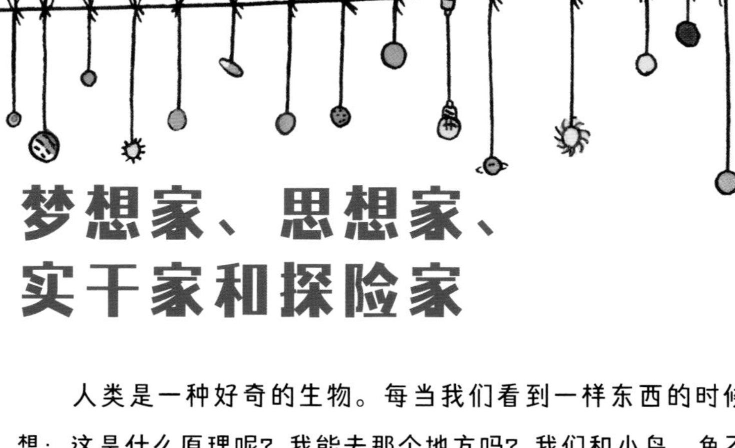

梦想家、思想家、实干家和探险家

人类是一种好奇的生物。每当我们看到一样东西的时候，就会想：这是什么原理呢？我能去那个地方吗？我们和小鸟、鱼不同，我们有大脑，能制造出船只、潜水服、飞机和很多很多东西。有了它们，我们就能开展各种各样的研究。我们爬上高山，潜入水底，穿越地平线，直冲云霄。

那么，天空中的那些小亮点呢？它们围绕着我们，缓缓地移动。也有一些小亮点总是待在老地方。它们到底是什么？我们到得了那里吗？

想要找到问题的答案，我们就离不开梦想家、思想家、实干家和探险家。首先，航空火箭梦想家产生了一个疯狂的想法——飞上太空。然后就轮到思想家估算可能性，构想出航空火箭。实干家负责制造航空火箭。最终，探险家踏上这场征程！

霍弗特·席林和嘉尔科·范德波尔共同创作了这本精美的书。在这本书里，历史上的这些梦想家、思想家、实干家和探险家会一一出现。

时至今日，太空旅行变成了一件司空见惯的事。人类登上了月球，也在太空里生活了几十年，机器人在火星上行驶，宇宙飞船早已飞越了八大行星。成千上万颗卫星围绕着地球，在深入探索宇宙的同时还协助我们预报天气、寻找路线或者让远隔千山万水的人随时交谈。

之所以能实现这一切，多亏了这本书里写到的人。他们在探索的道路上迈出了至关重要的步伐，这才让我们有了今天的生活。现在我们站在巨人的肩膀上，以梦想家、思想家、实干家和探险家的角色更深入地探索宇宙。毕竟，我们对于浩瀚太空的了解仅仅是九牛一毛，我们需要探索的还有很多很多。这些事该由谁来做呢？你的兴奋程度是不是已经赶上阿尔基塔斯、约翰尼斯·开普勒、康斯坦丁·齐奥尔科夫斯基、霍弗特·席林，还有我了呢？

你会不会成为下一位作家、学者、开发者或者航天员呢？

祝愿你看得开心。一定要有梦想、会思考、能动手、敢冒险哦！

安德烈·库珀斯

目录

在每一页上都能找到我们哦！

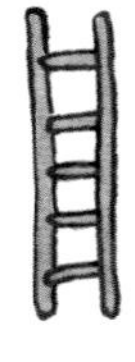

公元前400年

阿尔基塔斯的木鸽

很久很久以前，古希腊人生活在地球上。

那是两千多年前的事了。

那个时候的世界和现在很不一样。

那时候，地球上没有自行车，也没有汽车，乐高还没被发明出来。

每到夜晚，人们就望着天上的星星，讲述着美好的故事。反正他们没有电视机，也没有平板电脑。

古希腊人身上穿的是美美的白色长裙，就连男人也不例外。他们觉得裙子比裤子舒服多了。

他们的生活非常健康。他们常常做运动，而且吃的东西都很健康。那个年代可没有薯条和可乐。

梦想家

古希腊人有没有遨游过太空呢？你怎么看？

他们有没有登上过月球？

没有，当然没有。这种事情，生活在两千多年前的他们只能在梦里想想罢了。

阿尔基塔斯就是这样一位梦想家。他想出了一个飞行的办法。于是，他建造出了人类第一枚火箭，这枚火箭的形状像一只鸽子。

阿尔基塔斯的鸽子是假的，它是用木头做的。

鸽子是空心的，屁股后面有一个洞。

阿尔基塔斯给鸽子灌入滚烫的蒸汽。

不用说，蒸汽急着想要喷出来，而唯一的出口就是鸽子屁股后面的洞。

蒸汽从屁股后面往外一蹿，木鸽便向前飞去。它足足飞出了200米呢！

气球

你可以自己动动手，吹个气球试一试。先把气球吹得鼓鼓的，然后松手。气球里的气想要喷出来，唯一的出口就是充气口。这样一来，气球就会朝着与喷气相反的方向飞去。

火箭的原理和它一模一样。这么说来，你手里的气球其实就是一枚小小的火箭呢！

早在古希腊人生活的年代，气球还没被发明出来。所以，阿尔基塔斯只能自己动手做木鸽。

只可惜没有人给阿尔基塔斯的木鸽拍照片留念。你一定能猜到这是为什么！

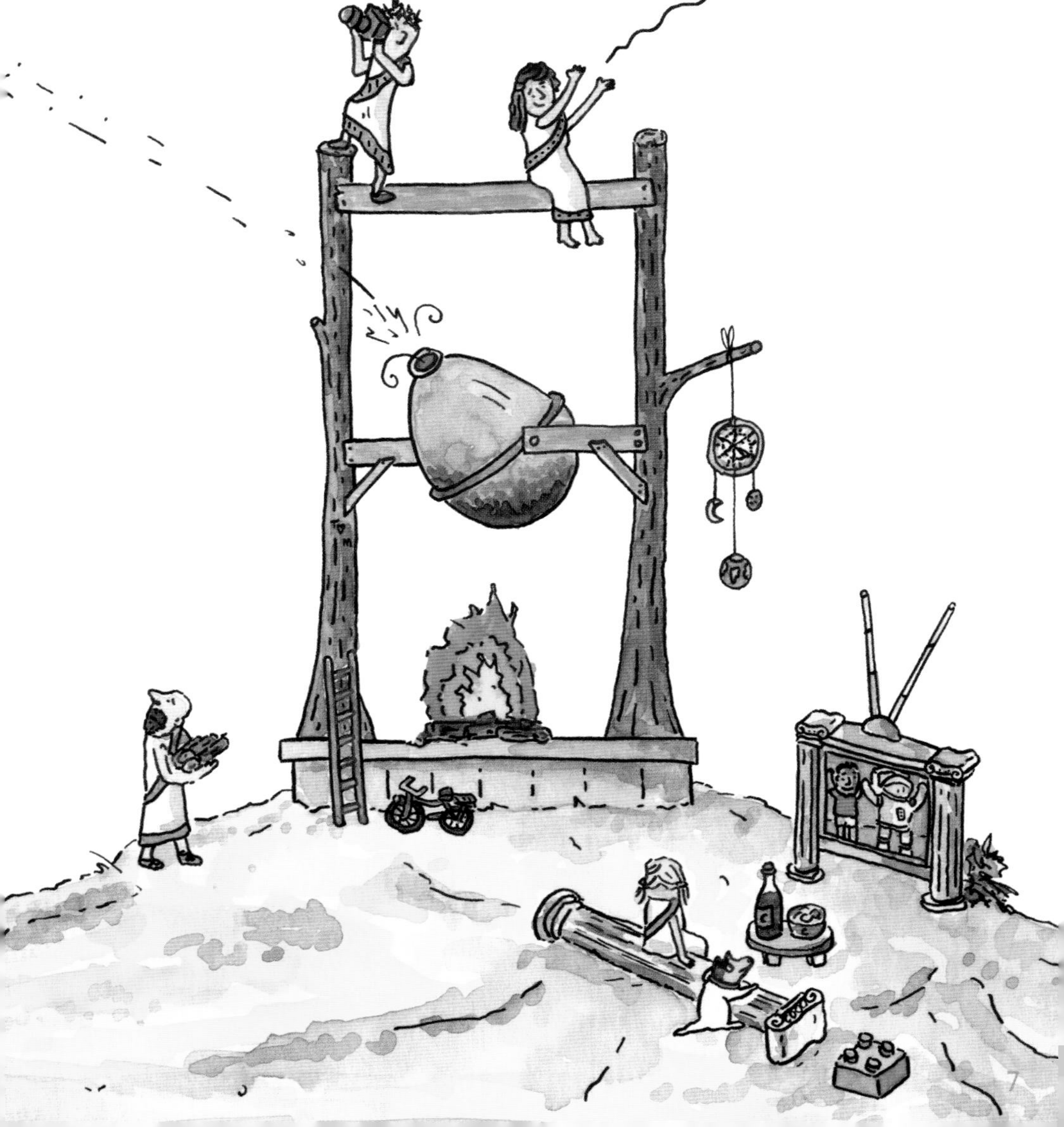

50年

希罗的汽转球

希罗和阿尔基塔斯一样，也是希腊人。只不过，他生活在几百年后的亚历山大港。那是一个位于埃及的城市。

希罗也建造出了一枚火箭。确切地说，它是火箭的引擎，毕竟，它没有飞上天。希罗管它叫汽转球。

其实，希罗的汽转球是一个会转圈圈的烧水壶。球的下面有一盆水，希罗在水盆下面点了一把火。

只要耐心地等上一小会儿，水就烧开了。于是，蒸汽通过两根管道进入球里。球里的蒸汽和烧水壶里的蒸汽一样，都是热腾腾的，想要向外冲。

希罗在球上装了两根小细管。于是，蒸汽就能通过这两根小细管喷出来了。

而且，希罗想到了一个聪明的办法。这两根小细管不是直的，而是弯的。这样一来，球就像草坪上的喷水器一样转起了圈圈。

这下你瞧见了吧，热量是可以转化成动力的。

火箭也不例外！

969年

冯继升的火箭

航空火箭弹其实就是一枚大号的火箭。航空火箭弹里装载着燃料，底部有一个开口。它就是航空火箭弹的喷管。

只要点燃燃料，就会产生火焰和大量炽热的气体。这些气体只能通过喷管从航空火箭弹的底部冲出来。这种冲力大极了，以至于航空火箭弹一下子就被推到了空中。

火箭的原理和它一模一样。装在火箭里的火药就是燃料，只要把它点燃，火箭就能一飞冲天。这个场面非常美。你一定见过类似的画面，比如过年时燃放的烟花。

火箭是中国人发明的，两千多年前的三国时期就有关于火箭的记载了。它第一次发射的时间也许要追溯到公元969年。发明这个技术的人是宋朝兵部令史冯继升。

当时的火箭可不是用来庆祝新年的，而是用来打仗的！有了火箭，人们就可以朝敌人射击，还能烧掉一整座城池。

1608年

约翰尼斯·开普勒的梦

你一定听过《小红帽》和《白雪公主》的故事。

也许，你还听过另一个童话故事——《穿靴子的猫》。

可是，你听过迪拉考托斯和菲奥耳克希尔德的童话故事吗？肯定没有吧！这个故事没有被收录到任何一本童话书里。真可惜啊！这个故事可精彩了。

迪拉考托斯是一个14岁的男孩。他和他的母亲菲奥耳克希尔德住在冰岛。迪拉考托斯对月亮和星星了如指掌，这些知识都是他从一位天文学家那里学到的。

他的母亲也很了解太空。只不过，她不是从天文学家那里学来的，而是从魔鬼那里学来的。魔鬼说，他可以带她到利瓦尼亚去，那是一个飘浮在空中的岛屿。迪拉考托斯也可以跟他们一起去。

4个小时后，菲奥耳克希尔德和迪拉考托斯来到了利瓦尼亚。原来，那就是月亮！他们从月亮上眺望地球，他们还见到了许多生活在月亮上的陌生的物种。之后，他们就回家了。

幻想

迪拉考托斯和菲奥耳克希尔德的故事的作者是约翰尼斯·开普勒。他在1608年写下这个故事，并给它取名为《梦》。

开普勒是一位天文学家，他常常观察月亮。这也就难怪他梦想能去一趟月球了！

在开普勒生活的年代，世界上还没有火箭和宇宙飞船，飞上月球更是不可能的事情。于是，他只好动笔写下一个科幻故事。

约翰尼斯·开普勒的妈妈名叫凯瑟琳娜·古尔登曼。人们说她是一个女巫。在她74岁那年，她被囚禁了起来。幸好，开普勒成功地把她救了出来。

帆船

同一年，开普勒给另一位天文学家伽利略·伽利雷写了一封信。他在信里描述了自己的幻想，并且认为未来一定有人会登上月球和其他行星。说不定，这些人乘坐的工具是大帆船。

“我们应该为他们绘制天体图。”开普勒在给伽利略的信里写道：“我来画一张月亮的。你就画一张木星的吧。”假如开普勒活到现在的话，他一定会成为一名航天员，你说是不是？

1865年

跟着儒勒·凡尔纳上月球

继约翰尼斯·开普勒之后，还有很多人也写过关于太空旅行的科幻故事。法国人儒勒·凡尔纳就是其中之一。

1865年，凡尔纳完成了一部著作——《从地球到月球》。5年后，他又出版了续集《环绕月球》。

凡尔纳写的可不是异想天开的童话故事。在他看来，故事的情节必须尽可能符合事实。

在1865年的时候，飞上月球简直就是天方夜谭。不过，未来也许就能梦想成真了。现实和他书里所写的一模一样。

大炮

想要离开地球飞向月球，一定要有超快的速度才行。否则就算飞起来了，也会落回地球。这个速度少说也要达到每秒钟11千米才行！

凡尔纳了解得一清二楚。只不过，他没有想到，最好的办法是打造一枚火箭。在他生活的那个年代，世界上还没有火箭呢。

凡尔纳在他的书里发明了一种超级大炮。

有了它，人们就可以以超快的速度把大号炮弹射到空中，直冲月球。炮弹里装着3个人、2条狗（卫星和狄安娜）、1只公鸡和几只母鸡。

儒勒·凡尔纳一共写了60多本书！这些书大多讲的是奇特的旅行，其中最出名的是《八十天环游地球》、《海底两万里》和《地心游记》。

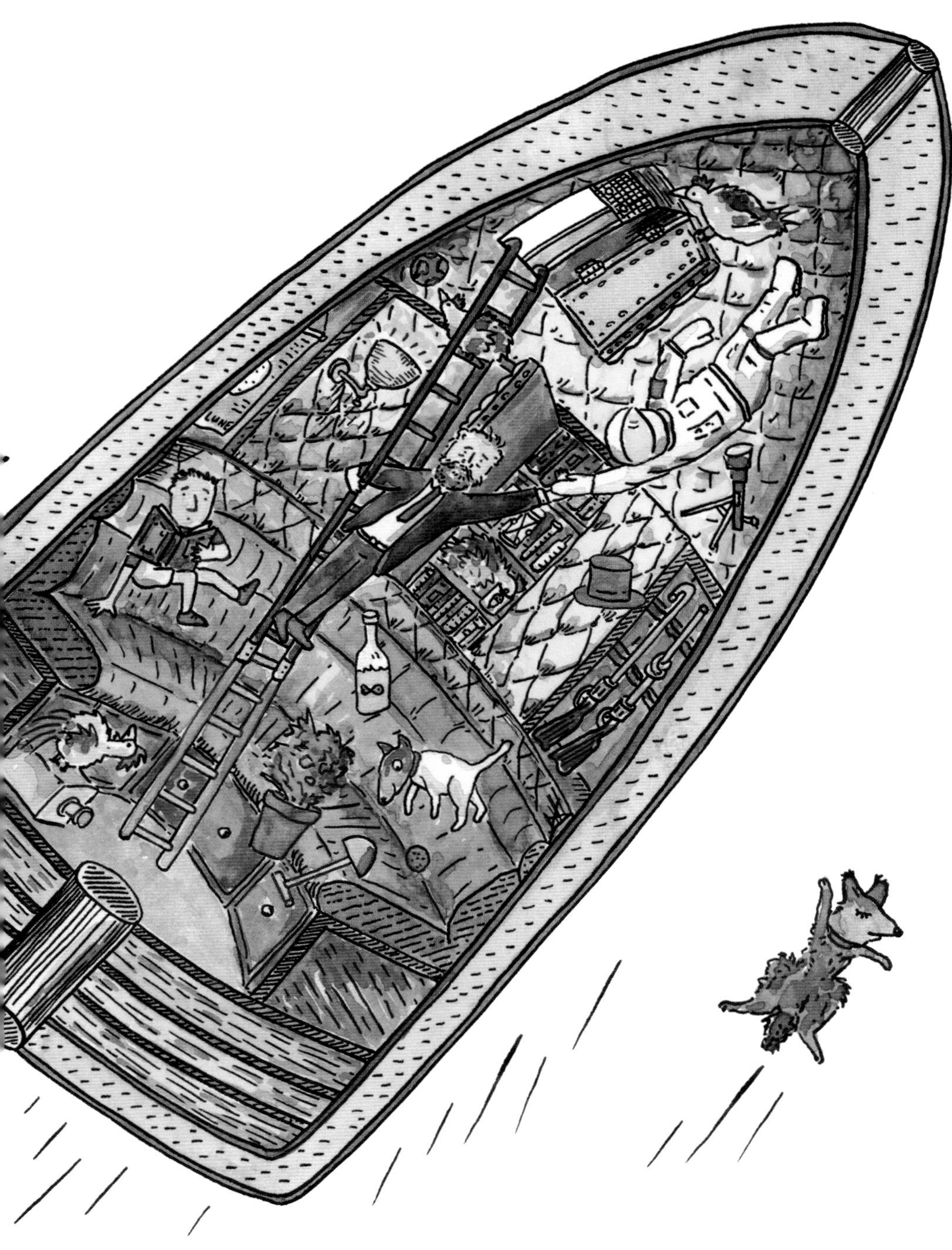

没有着陆

凡尔纳写的《从地球到月球》情节扣人心弦，主角们在旅途过程中遇到了各种各样的麻烦：在前往月球的路途中，小狗卫星死了；氧气过量，导致太空旅行家们全都“醉”了！

旅行过程中，他们还经历了很长一段时间的失重。所有的东西都飘浮在空中：有人，有鸡，还有一顶帽子和一架望远镜。他们所乘坐的大炮偏离了轨道，导致这个结果的罪魁祸首是一颗陨石——一种飘浮在太空中的大石头。所以他们乘坐的大炮没有在月球上着陆，而是围绕着月球飞行。阳光照射不到月球的背面，那里非常寒冷，飞船上的人都快被冻死了。

终于，他们飞回地球，降落在大海里。所幸，故事的结局皆大欢喜！

唯一的例外是可怜的小狗卫星。

1898年

赫伯特·威尔斯的星际战争

漫游车在火星上四处行驶。也许有一天，人类也能登上火星。可是，你知道吗？早在一百多年前，火星的飞船就已经抵达了地球。

好吧，这不是真的。这又是一个编出来的故事。不过，这个故事很扣人心弦哦，它讲述的是火星和地球之间的战争故事，这是一场真正的星球大战。

天文学家架起巨大的望远镜，仔仔细细地把火星看了个遍。他们在火星的表面发现了许许多多的黑色条纹，那景象简直就像火星人在自己的星球表面凿出的运河。真的有火星人吗？如果有的话，他们说不定真的会攻击地球呢！于是，1898年，赫伯特·威尔斯写了一本引人入胜的书——《世界大战》。

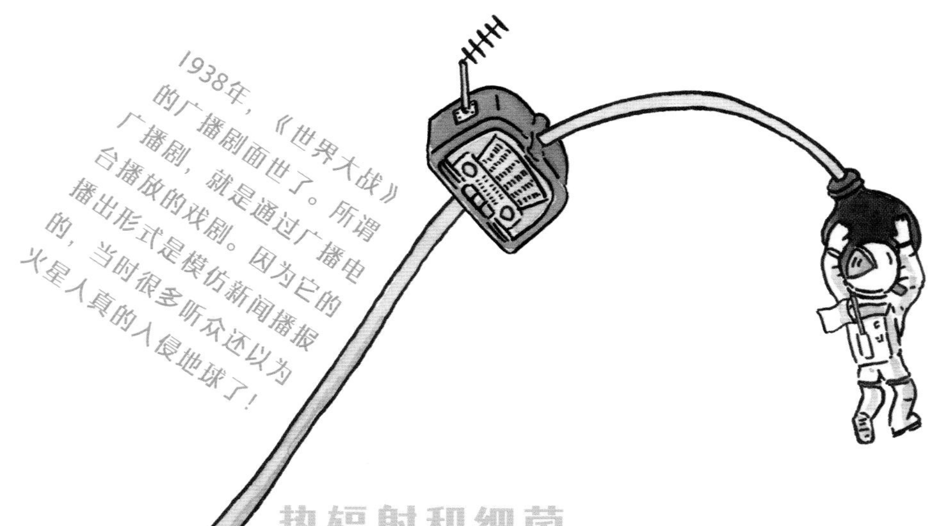

热辐射和细菌

赫伯特拥有丰富的想象力。他还写了一本关于时间旅行的书和一本关于隐身人的书。

在他的新书里，火星人成了恐怖的怪物。他们乘着闪闪发亮的宇宙飞船降落在地球上。他们制造了战斗机器，这些巨大的机器迈着大长腿四处行走。

他们通过一种特殊的热辐射纵火烧毁了所有房屋，成千上万的人无家可归，仓皇逃难。

幸好，最终一切都安然无恙。你知道是怎么回事吗？原来，多亏了地球上的细菌！火星人对地球上的细菌没有免疫力，人类才能化险为夷。正好，谁让他们挑起星际战争的呢？！

想象力

赫伯特的书十分畅销，被翻译成了几十种语言，其中一些还被改编成了扣人心弦的广播剧以及电影。

这也不稀奇，毕竟，这样的故事能唤醒你所有的想象力。如果我们真的可以坐着火箭从一个星球飞到另一个星球，那该有多好啊！

在赫伯特写《世界大战》的时候，这还是完全不可能实现的事。然而，5年之后，也就是1903年，俄国的一位老师想出了一个办法。终于，太空旅行可以成为现实了。

1903年

康斯坦丁·齐奥尔科夫斯基的三级火箭

康斯坦丁·齐奥尔科夫斯基出生在俄国，他家境贫寒，9岁时因病失去了听觉，身边也没有什么朋友。在他13岁那年，他的母亲去世了。后来，他穷得只吃得起黑麦面包。

可是，齐奥尔科夫斯基很喜欢看书，而且他还擅长计算。他如饥似渴地读完了凡尔纳的书，从此在心里种下了太空飞行的种子。

1903年，他找到了一个可以实现太空飞行的办法。那一年，他46岁。

白天，他在一所学校里教书。到了晚上，他就会动手写一本关于火箭的书。齐奥尔科夫斯基经过计算发现，仅仅凭着一枚大火箭是不可能离开地球的。火箭自身的质量实在太大了。因此，人们只能把两个或者三个“火箭”叠加在一起。

当一级火箭的燃料用完后，就把这一级丢掉，火箭的质量变得越来越轻，最终就能离开地球啦！

我们需要两到三级火箭才能让火箭升得越来越高。

1926年

来自罗伯特·戈达德的第一次火箭发射

齐奥尔科夫斯基构想出了如何制造火箭。可是，他却没能亲眼看它发射成功。直到1926年，世界上第一枚火箭发射成功。这枚火箭的发射地不在俄国，而在美国。

罗伯特·戈达德是世界上第一个发射真正的火箭的人。他发射的不是装着火药的火箭，而是装载着液体燃料的火箭。

汽车用的汽油也是液体燃料，但火箭用的不是普通的汽油。戈达德使用的是一种汽油和液态氧的混合液体。

1926年3月16日，他的火箭整装待发，他给火箭取名叫尼尔。当天下午两点半，尼尔发射成功。发射的地点是戈达德的姨妈埃菲家的农场。

尼尔没飞多高，也就12米多。不过，这枚火箭的速度实在是快极了！它落在了将近60米开外的一片贫瘠的土地上。在此之后，戈达德又发射了几十枚火箭，其中有一些飞上了几千米的高空，速度接近每小时900千米。

人类什么时候才能真正地进入太空呢？

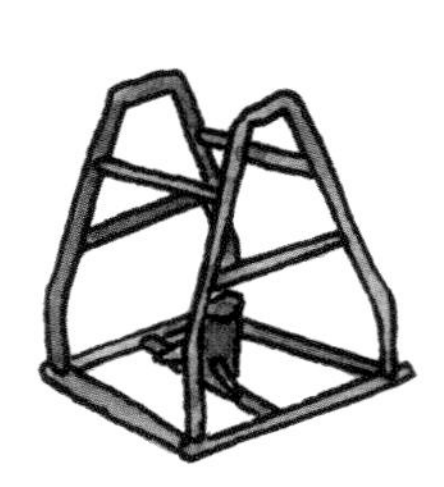

沃纳·冯·布劳恩的战争武器

戈达德的第一枚火箭落在了贫瘠的土地上。万幸的是，没有任何人受伤。

然而，火箭也有可能落到某栋房子上。毫无疑问，这成了一个大问题。要是火箭上装着炸药的话，那就更糟糕了，说不定还会死人呢。

可见，火箭是可以被当作武器的。一枚大火箭能扫平一大片住宅区，而发射火箭的人却躲得远远的。

V-2火箭

1940年至1945年，欧洲处于第二次世界大战之中。德国侵略了周边的许多国家。

德国的一家秘密工厂建造了成千上万枚装着炸药的火箭，准备偷偷把它们投向英国首都伦敦。

1952年，沃纳·冯·布劳恩构想出了空间站。它围绕着地球，沿着轨道运行。它的模样有点儿像旋转的汽车轮胎，只不过，它的直径足足有75米，可以容纳几十个人同时在里面居住和工作。

这种火箭是沃纳·冯·布劳恩设计的，德国人把它称为V-2火箭。V代表的是德语单词“vergeltungswaffe”，意思是“复仇武器”。V-2火箭高14米，里面还装着一个炸弹。

V-2火箭发射后，到达了将近90000米的高空。它足足飞出了几千千米才又落回到地面上。

1944年，德国人从荷兰向伦敦发射了上千枚V-2火箭，它横穿北海，成千上万人因此失去生命。

后悔

最终，同盟国赢得了这场战争的胜利。那么布劳恩怎么样了呢？也许，他会为自己在火箭制造方面所做的努力感到后悔。战后，布劳恩向美国人投降，并且被送去了美国。

在那里，布劳恩参与建造了更大的火箭，这些火箭不是用来打仗的，而是用来探索太空的。就这样，他设计出了土星5号火箭。1969年，这枚火箭完成了首次月球之旅。

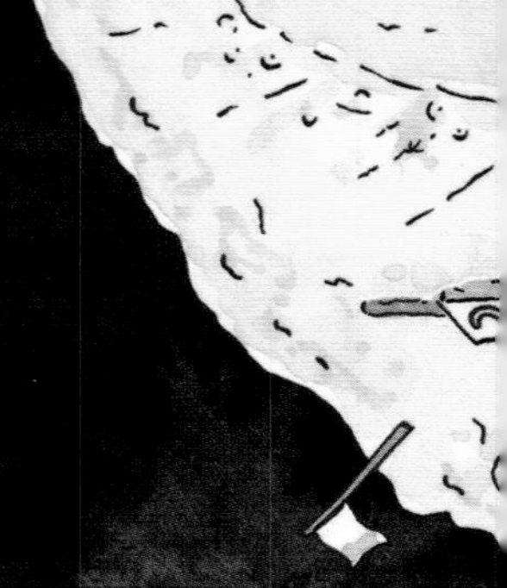

1950年

丁丁和月球

你有没有看过《丁丁历险记》？丁丁是一名记者，他和小狗白雪一起经历了各种各样的奇遇。关于他的漫画故事少说也有24部。

丁丁的第16次历险记是《奔向月球》。它于1950年面世，被连载在法国杂志《丁丁》上。1953年，它被出版成书。

第二年，这本书的第二册面世，取名为《月球探险》。这两本漫画和凡尔纳的《从地球到月球》及续集《环绕月球》一样，都讲述了一场扣人心弦的月球之旅。只不过，丁丁的故事的出现晚了85年。

千钧一发

丁丁和白雪坐着一枚红白相间的火箭飞向月球。和他们一起踏上这段旅程的还有阿道克船长和向日葵教授，这枚火箭正是由后者设计的。

在旅途过程中，他们发现，原来火箭上还有其他人。他们就是侦探杜邦兄弟和一名特工人员。这些偷偷溜上火箭的乘客就叫偷乘者。

火箭经历了漫长的旅程，终于在月球上着陆了。丁丁率先踏出船舱。他身上穿着航天服，头上戴着一个巨大的透明头盔。就连白雪也穿着航天服，戴着头盔。

返回地球的旅程一波三折。火箭上的氧气太少了，满足不了所有人的供给。就在这个千钧一发的时刻，丁丁成功地将火箭降落在地面上。

你肯定已经看到了，丁丁号火箭看上去很像布劳恩建造的V-2火箭。只不过，漫画家埃尔热没有把它画成黑白相间的，而是改成了红白相间的。这看上去顺眼多了。

蓝色星球

丁丁和白雪不是真实的人物，他们是漫画家埃尔热虚构出来的。然而，丁丁的月球探险经历却写得栩栩如生。

埃尔热真厉害啊。要知道，1950年的时候还从没有火箭飞上过太空呢，更别提登上月球了。可是，书里写的简直就像真实发生的一样。

比如：从太空远眺，是能望见地球的；月球上有环形山；从月球看地球，地球就是乌黑天空中一颗小小的蓝色星球。

这样一来，大家就能想象得到，假如有一天，人类真的能飞往月球，他们会有些什么样的发现。

1957年

斯普特尼克1号——第一颗人造卫星

几千年来，人类一直幻想着飞上太空。1957年，这个幻想终于变成了现实。斯普特尼克1号是有史以来第一颗人造卫星。

斯普特尼克是苏联建造的。当时，苏联和美国是死对头，它们都想成为全世界最强大的国家。

有的小朋友喜欢在操场上展示自己的肌肉。别人一看见他的肌肉就害怕了，他根本都用不着出手。美国和苏联也是这样做的。他们想让对方见识见识自己的火箭多么强劲，强劲得甚至能帮他们在战争中取得胜利。

人造卫星

1957年10月4日，苏联向太空发射了一枚十分强劲的火箭，火箭上装的就是斯普特尼克1号。

其实，它就是一个金属做成的球。

它的大小跟皮球差不多。

斯普特尼克1号借助火箭的力量，穿越了包围在地球外围的大气层，来到空荡荡、黑漆漆的太空里。它飞得快极了，速度达到每秒钟8千米。每一个半小时，它就能绕地球一圈。它就像月球一样，只不过它的速度快得多，离我们也近得多。

当然啦，斯普特尼克1号不是月球。

它是由人类建造的。我们把这种沿着轨道环绕地球飞行的航天器称为人造卫星。

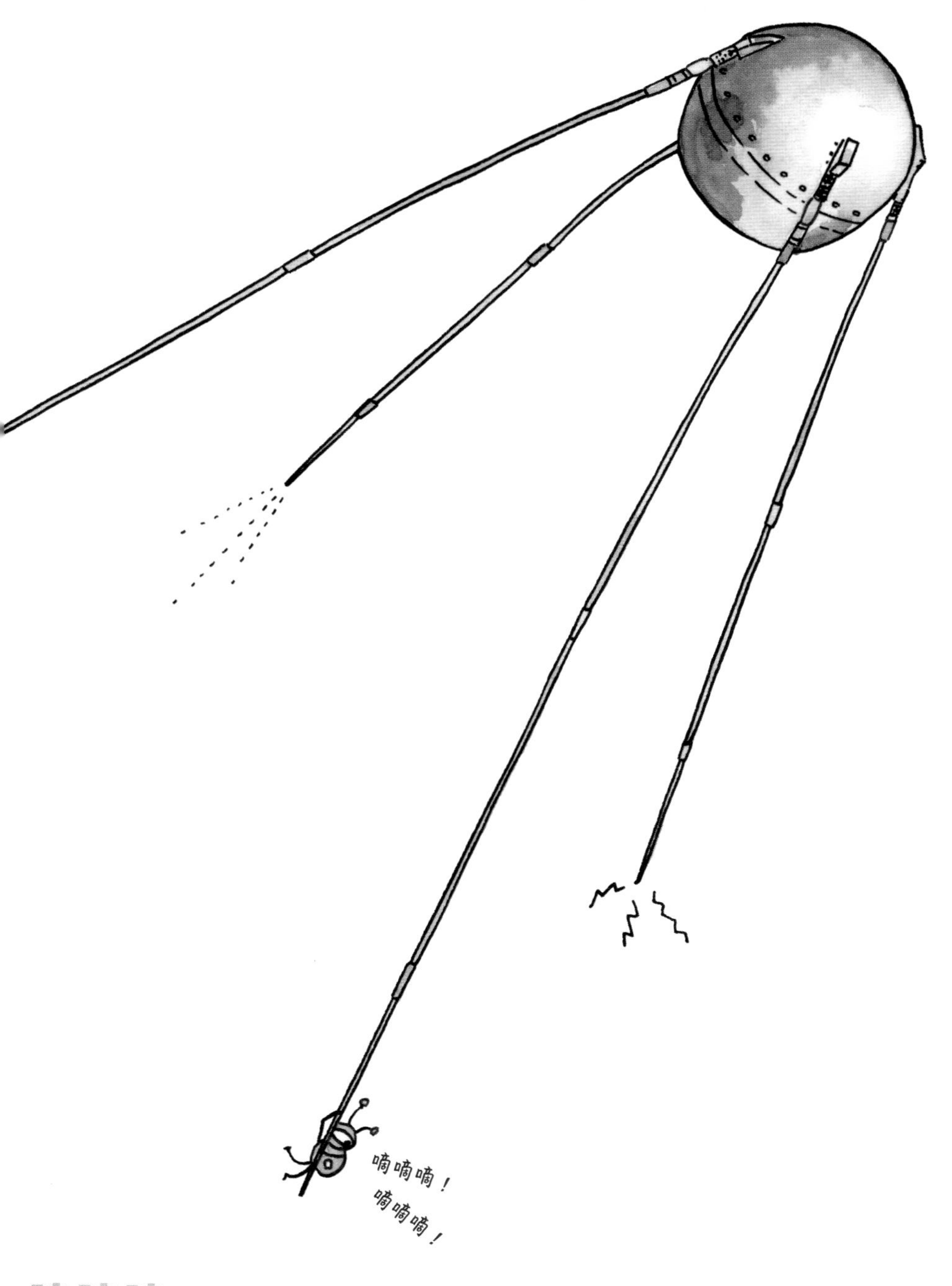

嘀嘀嘀

斯普特尼克1号上安装了4根长长的天线。它就是通过这些天线把信号传回地球的。

人们能从地球上看见斯普特尼克1号。当它从夜空中飞过的时候，人们就会看见天空中有一个亮闪闪的小圆点。短短几分钟的时间里，这个小圆点穿梭于星星之间。

人们也能听见斯普特尼克1号发出的声音。科学家通过一种特殊的无线电接收到它的嘀嘀声。于是，全世界都知道，苏联获得了此次太空竞赛的胜利。

3个星期过后，电池耗尽，人们再也听不到斯普特尼克1号发出的嘀嘀声了。3个月过后，斯普特尼克1号脱离轨道落入地球大气层烧毁。它总共绕地球飞行了约1440圈，加在一起就是6000万千米！

1957年

莱卡的最后一程

你家有小狗吗？你愿意让它遨游太空吗？你肯定不愿意，因为那太危险了。

然而，世界上第一位太空游客恰恰就是一条小狗，它的名字叫莱卡。在莱卡大约3岁的时候，它坐着火箭飞入太空。

莱卡没能成为这次太空旅行的幸存者。它绕着地球飞了几圈之后就死了。你还记得凡尔纳在《从地球到月球》里写到的小狗卫星吗？它们的命运不谋而合。可怜的莱卡啊！

流浪狗

莱卡是一条流浪狗，它没有主人。

它在莫斯科的街头流浪，在垃圾桶里找吃的。

参与制造斯普特尼克1号的人发现了莱卡，把它带了回去。当时，这些人正忙着建造一颗新的人造卫星——斯普特尼克2号。

这一次，他们想找一名愿意搭载火箭的乘客。因为莱卡体形较小，性格温顺、冷静，于是它成了世界上第一名航天员，同时，也成了全世界著名的小狗。

1957年11月3日，莱卡飞上了太空。这一天距离斯普特尼克1号升空仅仅间隔4个星期。

在飞行的过程中，它的心跳连同呼吸和体温一起受到监测。说起来，莱卡算是一个实验品。

雕像

火箭升空时，莱卡一定哀鸣、吼叫个不停，没办法，它无处可逃。

一旦飞入太空，它就会失重，说不定还觉得恶心、想吐。

可惜，斯普特尼克2号出现了一个问题。它的制冷系统失灵导致太空舱里越来越热。几个小时之后，莱卡就死了。

莫斯科有一座莱卡的雕像。要知道，它的太空之行对于人类探索太空旅行有着十分重要的意义。

尽管莱卡在太空中只生存了几个小时，但它让我们知道，人类是不会死于火箭发射和失重的。假如狗能从太空旅行中存活下来，那么人类或许也可以！

在莱卡之后，还有很多动物也飞上了太空。这些动物里不仅有狗，还有猴子、青蛙、老鼠和一只兔子，其中一些动物还安然无恙地回到了地球。

1960年

从太空看地球

斯普特尼克2号上没有窗户。所以，莱卡看不见外面的景象。真可惜啊，要不然，它就能从太空眺望地球了，这可是非常美妙的景色。

从高处向下看视野开阔，因为那样能更好地把一切事物收入眼底。爬上城市里最高的建筑，城市的风光一览无余，比在地面上看到的范围大多了。从飞机上往下看，比站在沙滩上看见的海岸线更清晰。如果飞向更高的地方，就能看到更多的东西，比如整个亚洲，或者整个非洲。有了太空旅行，这一切都可能实现。许多人造卫星一直在太空中眺望地球，在那里，它们能测量到各种各样的数据。

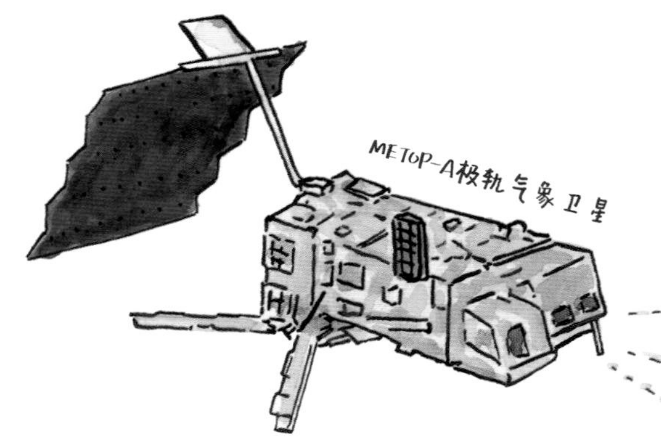

气象卫星

从太空中看地球，我们能更好地观测到包括天气在内的很多东西。比如，我们能清楚地看到云彩在什么位置、台风什么时候抵达陆地。

台风是在大海上形成的。从前的人们无法预测它什么时候登陆。前一天还是晴空万里，第二天，房屋就被狂风暴雨或者汹涌的洪水吞噬了。

有了气象卫星，我们就能提前知道台风的走向，居住在沿海地区的人也就能及时撤离了。自从有了气象卫星，台风导致的死亡人数比以前少多了！

气象卫星让我们的天气预报更加准确。一般来说，我们提前将近一个星期就能知道未来的天气了。要是没有气象卫星，这些就成了异想天开。

世界上第一颗气象卫星是泰罗斯1号，它于1960年4月1日发射成功。它拍摄了2万多张图片，开启了一个新的篇章。

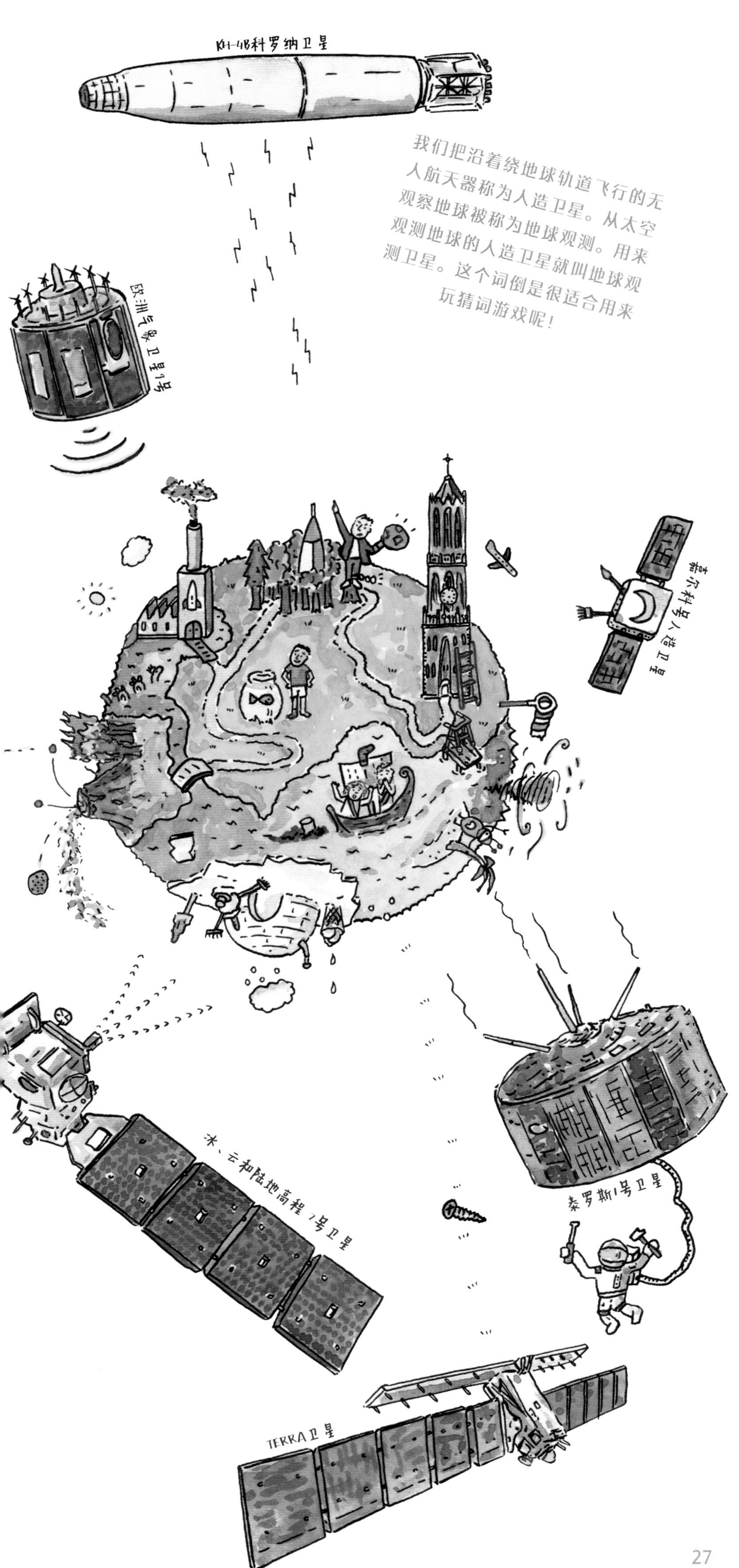
KH-4B科罗纳卫星
我们把沿着绕地球轨道飞行的无人航天器称为人造卫星。从太空观察地球被称为地球观测。用来观测地球的人造卫星就叫地球观测卫星。这个词倒是很适合用来玩猜词游戏呢！
欧洲气象卫星1号
嘉尔科号人造卫星
冰、云和陆地高程2号卫星
泰罗斯1号卫星
TERRA卫星

嘉尔科号人造卫星的画作

冰、云和陆地高程2号卫星拍摄的极地冰冠

环境探测卫星

有的卫星不是盯着地球上的森林，就是盯着冰川和极地冰冠，再不然就盯着海洋。它们对我们这个星球上的所有变化都了如指掌。

因此，一旦地球上的某个角落发生火灾，卫星就能立刻发现。它还能测算极地冰冠的冰雪融化得有多快，查看哪个地方有人偷偷往大海里倒垃圾。

许多气象卫星和环境探测卫星飞行在800千米的高空。它们通过特殊的相机和测量仪器关注着地球。

METOP2号拍摄的火山爆发和森林火灾

窃密和预测

有的卫星还可以窃取机密。有了它，我们就能发现其他国家有没有建造秘密工厂或者测试核武器。

我们借助卫星上的雷达进行超级精确的测量，哪怕地球表面有一丁点儿的变化我们都能发现。通过这样的方法，我们就能预测地震和火山的爆发。

泰罗斯1号卫星传回的老派天气图片

TERRA卫星拍摄的环境污染图片

逃脱重力

假如你把一个球抛到空中，它自然而然就会落到地面上。这是地球的重力在作怪，它能把所有东西都往地下拽。

假如你把球往旁边丢，它也会落到地面上。只不过，你越使劲，它就跑得越远。假如你丢得特别、特别用力，那么球就再也不会落到地面上了。地球的重力依然会把球往地下拽。可是，地球本身是圆的呀，这样一来，球就会永远绕着地球旋转了！

想要做到这一点，就要达到每秒8千米的速度。所以说，如果宇宙飞船想要沿着轨道绕地球飞行的话，必须达到这个速度才行。假如你想要飞离地球，那么就得再快一点儿才行——每秒超过11千米。这个速度被称为“逃逸速度”。这样，你就能摆脱地球的重力啦。

欧洲气象卫星1号传回的现代天气图片

KH-4B科罗纳卫星传回的窃密图片

1961年

跟尤里·加加林一起环绕地球

尤里·加加林是一个苏联小伙子。他住在一座名叫克卢希诺的小村庄里，他的爸爸妈妈都在农场工作。

加加林十分擅长体育运动，会打冰球和篮球。他干起活来也是一把好手，长大之后可以去工厂工作。只不过，他最大的心愿是成为一名飞行员。

他的梦想实现了！1955年，加加林踏入航空飞行员学校的大门，成了苏联军队的一名战斗机飞行员。

那时候，谁也没有想到，加加林会成为第一个进入太空的地球人。他是世界上第一位名副其实的航天员。

我们出发吧！

战斗机飞行员是一种十分危险的职业，飞行时经常出现各种各样的状况，更何况，也的确常常发生意外。所以说，胆小鬼就干不了这一行，动不动就惊慌失措的人也同样不适合。

太空飞行就更危险了，只有沉着、果敢的人才能做得到。因此，最初的航天员清一色都是战斗机飞行员。

继斯普特尼克1号发射成功后，苏联又建造了一艘宇宙飞船——东方1号宇宙飞船，那里面刚好坐得下一名航天员。加加林脱颖而出，成为全世界首次载人航天飞行的人选。

1961年4月12日是宇宙飞船发射的日子。临发射前，加加林大声喊道："我们出发吧！"

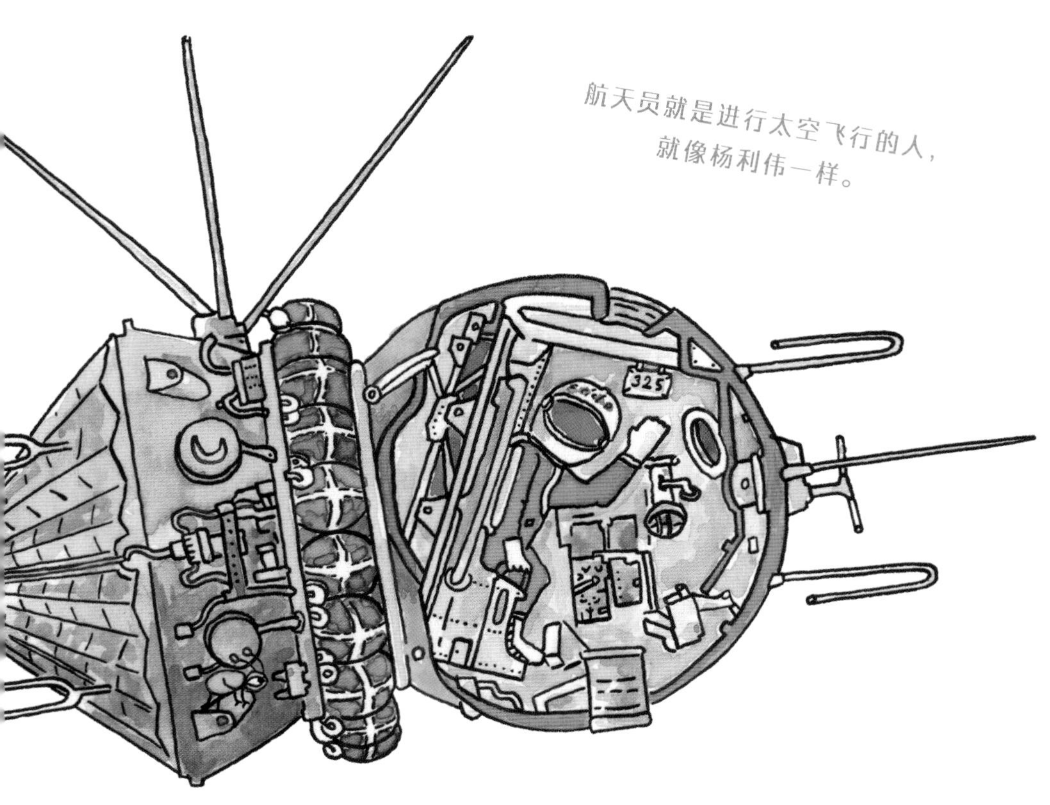

一圈

东方1号宇宙飞船环绕地球飞行了一圈。

随后，宇宙飞船就落回了地球。即将着陆的时候，加加林连同他的座椅一起被弹射出来。他使用降落伞，徐徐地降落在地面上。

世界上第一次载人航天飞行获得了巨大的成功，加加林被授予“苏联英雄”的称号。而4月12日也被定为国际航天日。

自从环绕地球一周返回之后，加加林再也没有进入过太空。不过，他还驾驶过很多次战斗机。

1968年发生了一场灾难，加加林驾驶的飞机在莫斯科附近坠毁了，他没能幸免于难。所以说，战斗机飞行员这种职业真的非常危险。要不，你长大后还是当一名兽医吧！

1961年

水星号飞船和7名航天员

加加林的太空飞行成功后，苏联举国欢庆，他们都为第一个进入太空的人是苏联人而感到骄傲。

然而，美国人就没这么高兴了。这两个国家之间的明争暗斗已经持续了很多年，这是一场太空竞赛。苏联率先建造出了第一颗人造卫星——斯普特尼克1号，随后加加林又成了第一个进入太空的地球人。美国又一次败下阵来。

尽管如此，美国人依然拼尽全力。他们开发出了一枚强大的火箭——红石运载火箭，里面还装载了单人航天器—— 水星号飞船。不仅如此，美国航天员们也已经整装待发。

银闪闪的航天服！

想要成为航天员，你的身体当然要棒棒的才行。不过，你的身高可不能超过1.8米哦，因为那样就坐不进小巧玲珑的水星号的航天舱了。

早在1959年，美国就已经选定了7名航天员，他们无一例外都是战斗机飞行员。你还记得吗？航天员必须沉着、果敢才行。

这7个男人身材健硕，留着寸头，身穿银色的航天服。他们出现在电视屏幕上，也常常登上报纸。所有人都以为美国会赢得太空竞赛的胜利。

可惜啊，1961年4月12日，加加林率先飞上了太空。直到几个星期之后的5月5日，美国航天员才飞上太空。

其实，美国的第一个太空“人”不是人类，而是一只黑猩猩。它的名字叫哈姆。1961年1月31日，哈姆飞入太空。这段太空旅行持续了一刻多钟。返回地球后，哈姆成了美国首都华盛顿动物园里的明星。

蛙跳

第一个进入太空的美国航天员名叫艾伦·谢泼德。只不过，他并没有环绕地球一周，而是“跳了一个蛙跳”。

谢泼德乘着水星3号飞船一飞冲天，到达约190千米的高空。

紧接着，飞船减速，随着降落伞落回地球，扑通一声掉进大海里。

直到水星号第三次进行载人航天飞行时，才真正飞上了环绕地球的轨道。那一年是1962年，驾驶飞船的是约翰·格伦。

参与水星计划的航天员中，大多数人都参加了后来的其他太空飞行任务。谢泼德甚至还在1971年登上了月球！

而格伦在1998年再度飞入太空。那一年，他已经是一位77岁高龄的老爷爷了。

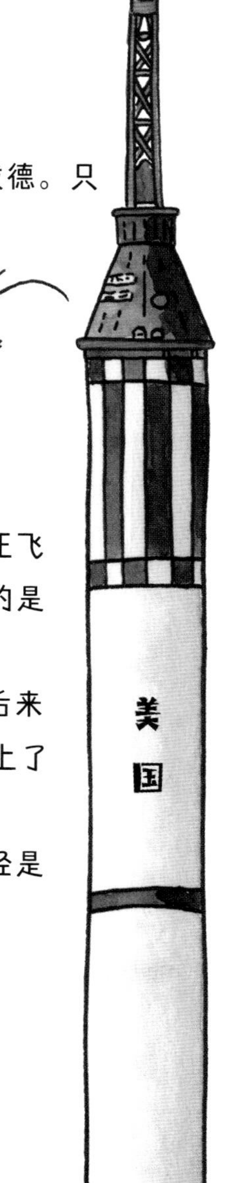

1962年

卫星走进生活

有些时候，某个遥远的国家正在举办重要的体育赛事，比如美国或者澳大利亚。然而，你却可以坐在自己家里，通过电视观看现场直播。这都是人造卫星的功劳。把电视画面从澳大利亚传到中国，这可不是动动嘴皮子就能做到的。澳大利亚位于地球的另一端，可是，有了卫星，这些就可以成为现实。

人们从澳大利亚把电视信号发射到太空里，太空里有一颗专门负责通信的卫星。它会把信号再转发回地面，传到中国。

你还可以通过这类通信卫星给你远在加拿大的姨妈打视频电话，或者跟日本的小朋友们一起在线玩游戏。

电星

1962年7月10日，世界上第一颗通信卫星——电星1号发射成功。在那个年代，这是一件格外特别的事情。人类终于能把实况图像从欧洲传送到美国啦！当然了，反过来也可以。

电星1号传送的第一张照片是巴黎的埃菲尔铁塔和纽约的自由女神像。很快，人们就可以通过电星1号转播体育比赛，还能打电话。

后来，更多的通信卫星加入了这个行列。要是没有这些卫星，我们就看不到这么多电视节目了。

电视上的新闻主播会时不时与身在国外的记者连线。他们的通话总是存在几秒钟的延迟，这是因为信号需要通过卫星传输。

跟着地球转

电星1号在几千千米的高空中围绕地球旋转。它每绕一圈需要两个半小时。卫星的高度越高，绕地球一圈所需要的时间也就越长。

当卫星处在36000千米的高空时，它绕地球一圈需要至少24小时，也就是整整一天的时间。而一天的时间恰恰也是地球自转一周所需要的时间。这么说来，卫星正跟着地球一起转呢！这样当然好极啦。卫星时时刻刻都飘浮在地球上方的同一个位置，就好像一动不动地悬挂在太空中似的。通过卫星信号接收天线，你就可以接收到来自其他国家的电视信号了，有土耳其的，也有摩洛哥的。

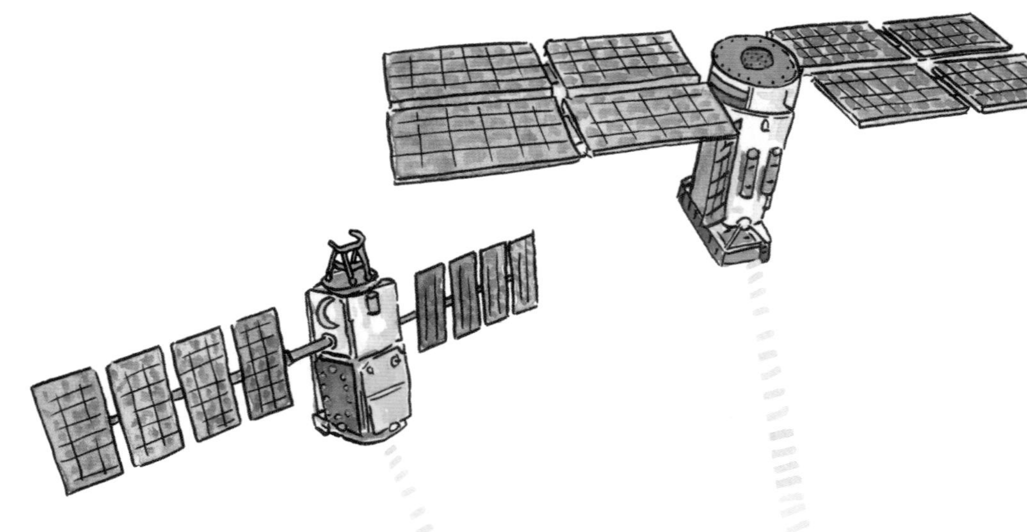

告别迷路

古代的人通过指南针来辨认方向。今时今日，你只需要一部智能手机就可以了。它能告诉你，你所在的准确位置。

这很容易实现。卫星沿着轨道绕地球旋转，你的手机接收到来自它们的信号。手机里的计算机会根据信号传输所用的时间测算出与卫星的距离。随后，它会飞速计算出你此时此刻位于地球上的什么地方。

无论你身在何处，始终要处于4颗卫星的覆盖范围内才行。因此，总共有好几十颗导航卫星时时刻刻绕着地球旋转。

这下，你知道卫星在日常生活中有多么重要了吧！那么问题来了：你还愿意回到没有太空旅行的时代吗？

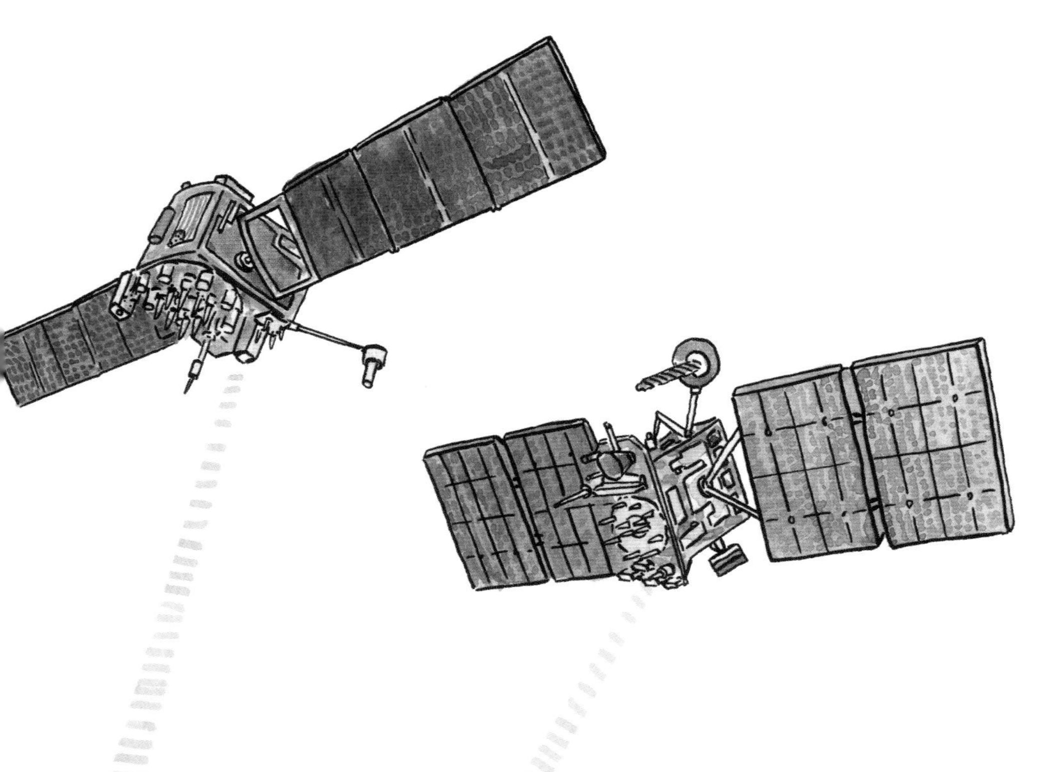

太阳能电池板

卫星离不开电。没有了电，它就没法运行了。可是，太空里怎么可能有插头呢？从地球上连一个接线板也不现实啊。过不了多久，电池就用完了。

幸好，太空里没有云朵。太阳时时刻刻照耀着太空，所以我们可以使用太阳能！

因此，卫星上装着巨大的太阳能电池板。它们的原理跟屋顶上的太阳能电池板一模一样。通常情况下，它们也是深蓝色的。

太阳照射在太阳能电池板上，阳光被转化成电能。太阳能电池板越大，电能也就越多。

1963年

瓦莲京娜·捷列什科娃的太空旅行

你敢跳伞吗?

瓦莲京娜·捷列什科娃就敢，而且她从小就有这个梦想。

捷列什科娃出生在苏联。她毕业后先去了一家纺织工厂工作。可是，她觉得那里的生活太枯燥了。于是，这个勇敢的姑娘加入了跳伞俱乐部。

在捷列什科娃24岁那年，加加林完成了世界上第一次载人航天飞行。她也想和加加林一样！于是，她毫不犹豫地申请进入航天学校学习。

想要成为航天员，就必须好好学习，身体也要棒棒的，而且还要经过很多很多练习，掌握驾驶飞机等各种复杂技能。捷列什科娃为此付出了全部心血。而她的付出也获得了回报。1963年，她成为世界上第一位女航天员。

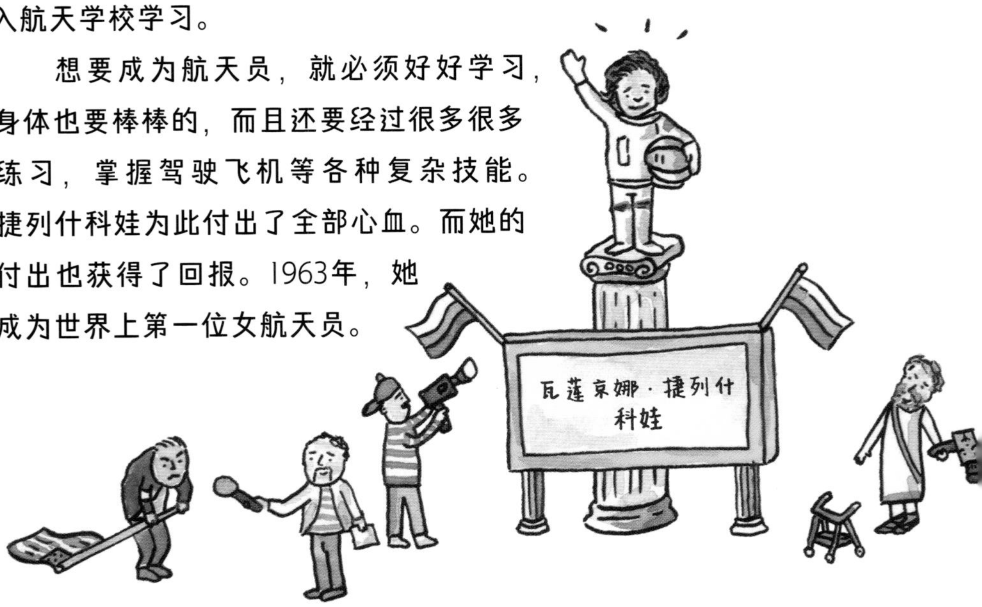

海鸥

加加林才围绕地球飞了一圈，距离火箭发射刚刚过去两个小时，他就回到了地面上。

捷列什科娃的太空旅行所持续的时间比他长多了——将近3天。在这3天的时间里，她孤身一人坐在她的宇宙飞船——东方6号里。

幸好，她还可以通过无线电与地面控制中心联系，人们给她取了个外号——海鸥。

环绕地球将近50圈之后，“海鸥”捷列什科娃回到了地球上。临近着陆的时候，她连同她的座椅一起从航天舱里被弹射出来。接着，她熟练地使用降落伞落到地面上。

你是不是一直以为航天员是男性专属的职业？才不是这样呢！

只要问问捷列什科娃就知道了。

太空中的女性

继捷列什科娃之后，还有60多位女性进入过太空。1983年，萨莉·赖德成为美国的第一位女航天员。赖德先后两次驾驶着航天飞机完成太空旅行。1990年，凯瑟琳·苏利文参与了哈勃空间望远镜的发射。艾琳·柯林斯成为第一位航天飞机女机长。中国也有两位女航天员——刘洋和王亚平。不过，迄今为止，捷列什科娃依旧是唯一一个独自飞上太空的女性。要的就是无所畏惧！

捷列什科娃完成太空旅行时才刚刚26岁。而美国航天员芭芭拉·摩根首次飞上太空的时候已经56岁了！

1965年

与“双子星座号”对接

航天员能沿着轨道绕地球飞行，这可真有意思啊！不过，要是能够飞离地球，那肯定更有意思了！这就是人类的下一个目标——飞向月球。

可是，飞向月球的旅途很漫长，人类能坚持得了吗？再说，也没有如此大推力的运载火箭能完成这个飞行任务。我们可能需要一艘专门的宇宙飞船来登陆月球。而想要飞回地球，还需要把不同的宇宙飞船捆绑在一起才行。这可不是一件容易的事。要知道，宇宙飞船的飞行速度快得出奇。这么看来，两艘宇宙飞船一定要挨得足够近，而且飞行的速度也要一模一样才行。只有满足了这个条件，我们才能小心翼翼地让它们进行对接。

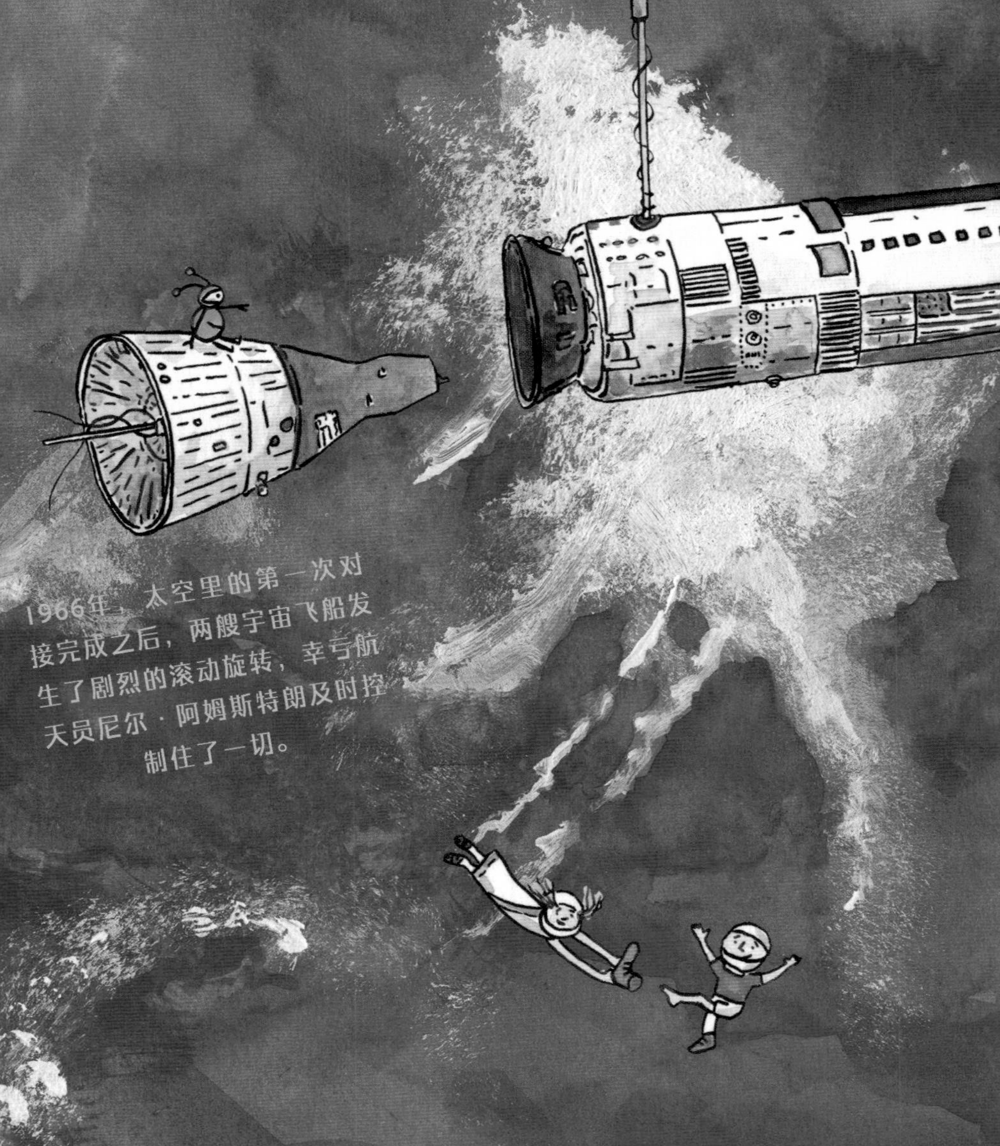

1966年，太空里的第一次对接完成之后，两艘宇宙飞船发生了剧烈的滚动旋转，幸亏航天员尼尔·阿姆斯特朗及时控制住了一切。

1965年，两位美国航天员在崭新的双子星座号飞船里紧张操作，那里的空间足以容下两名航天员。这不就热闹多了嘛。

从1965年首次载人发射到1966年，双子星座号飞船先后进行了9次载人飞行，两个星期的太空旅行似乎毫无难度，就连对接也终于成功了。是时候开启月球之旅了！

1965年

阿列克谢·列昂诺夫的太空行走

太空中没有空气。

我们无法在那里呼吸。所以，航天员们还是待在宇宙飞船里比较好。

可是，万一飞船外部出现故障了怎么办？那就不得不出去修补了。这时航天员只能穿着特殊的航天服，来一场太空行走了。

当然了，那可不是真正意义上的行走。他们身在太空中，脚下空空荡荡的。说白了，他们飘浮在半空中，所以要用专门的绳索把他们和宇宙飞船连接在一起。

1965年3月18日，苏联航天员阿列克谢·列昂诺夫完成了人类有史以来的第一次太空行走。

这段行走仅仅持续了12分钟，跟你出门遛狗的时间差不多长。

只不过，它可比陪狗狗散步刺激多了。列昂诺夫差一点儿就没能回到宇宙飞船里。他的航天服在行走的过程中膨胀了起来，以至于他差点儿钻不进舱门！

1984年，航天员布鲁斯·麦克坎德雷斯在没有绳索的情况下，完成了一次太空行走。他独自一人自由自在地飘浮在太空中。靠着小小的喷气式推进器，他可以想去哪儿就去哪儿。

1967年

和主教塔一样高的火箭

沿着轨道环绕地球的宇宙飞船飞得快极了，速度达到每秒8千米。要是达不到这个速度，宇宙飞船就会掉下来。

可是，如果想要飞上月球，那就要达到每秒11千米才行。只有很大、推力很强的火箭才能做得到。

为了制造这样一枚火箭，美国已经努力了许多年。它就是土星5号。V-2战争火箭的建造者布劳恩也参与了设计。

土星5号是迄今为止世界上体积最大的火箭。1967年，这枚火箭建造完成。

三级火箭

土星5号足有111米高，都赶上乌得勒支*的主教塔了。其实，它是3枚火箭叠加在一起组成的，和齐奥尔科夫斯基当年的想法一模一样。每一级都有专门的发动机和燃料箱。这些燃料箱需要很久才能灌满。第一级能装下至少200万升的燃料！只不过，这些燃料只够飞上2.5分钟。

一旦燃料用尽，空的火箭级就会被丢弃，第二级立刻补上。等到几分钟后，它的燃料也用尽了，那就轮到第三级了。

通过这样的办法，火箭携带着足够飞离地球的燃料，朝着月球前进。

耳塞

1967年11月9日，土星5号首次发射。这次的飞行是一次实验飞行，没有载人。火箭发射时，任何人都不允许出现在方圆5000米的范围内。可是，就算隔着很远的距离，火箭的噪声还是震耳欲聋，大家不得不戴上耳塞。幸好，一切都按计划进行。1968年4月进行的第二次实验飞行同样十分顺利。看来，用不了多久，人类就可以飞向月球啦！

乌得勒支：荷兰中部城市，公元8世纪起为荷兰的宗教中心，有一座以建筑艺术著称的大教堂。

1986年，乌得勒支举办了一场大型的太空旅行展览。为了这场展览，人们专门按照1:1的比例制造了土星5号的模型，把它摆在主教塔的旁边。

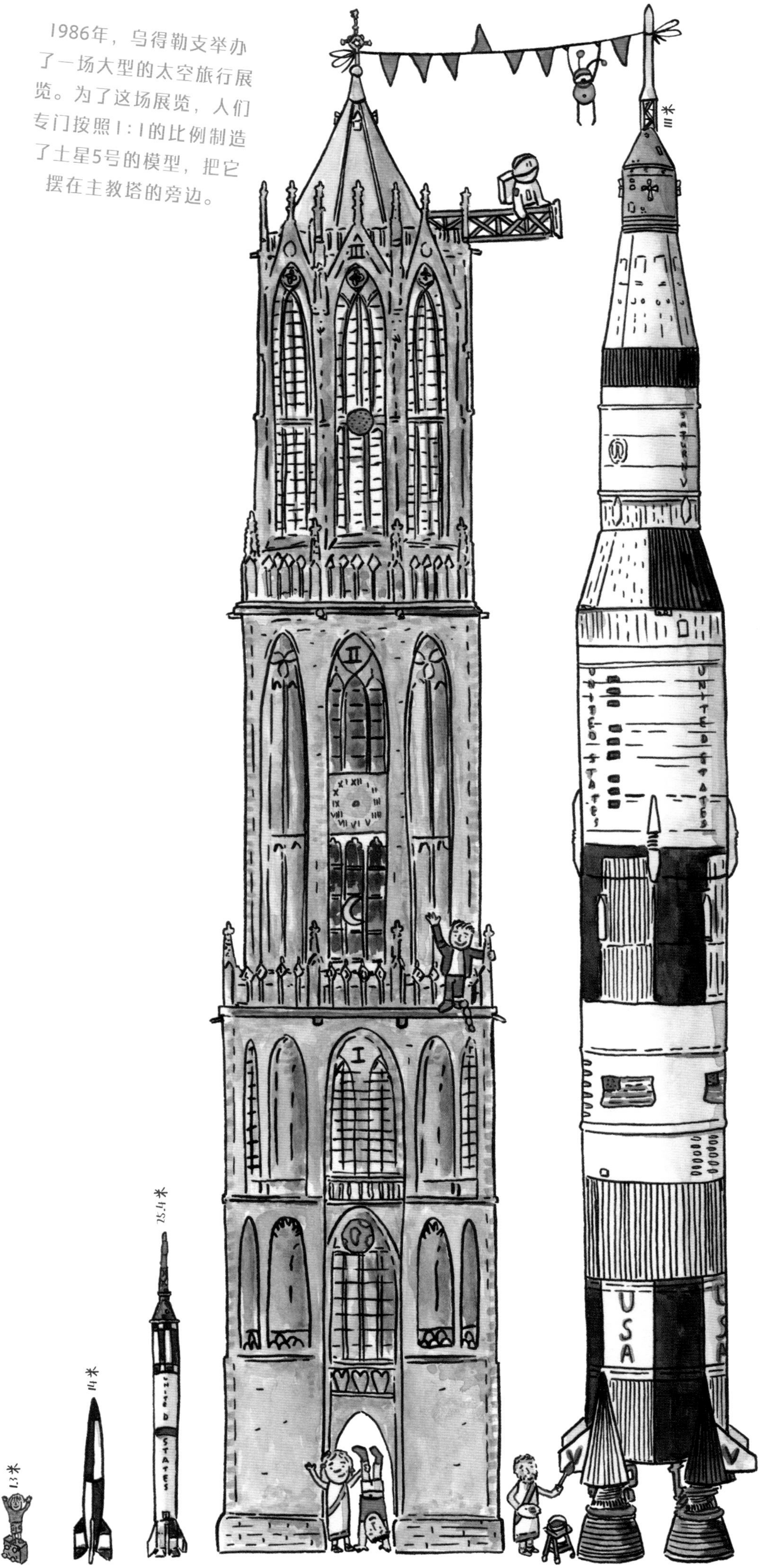

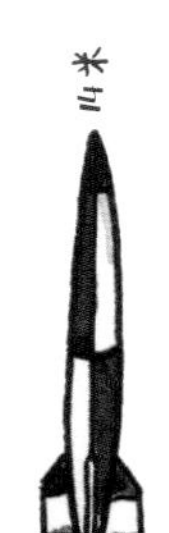

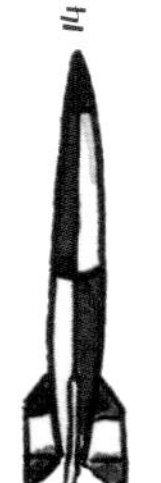

1968年

跟着阿波罗8号环绕月球

月球离我们很远很远，差不多有40万千米那么远。就算是速度超快的宇宙飞船也得飞上将近3天才能到。

1968年12月21日，终于有人飞向月球了。这3个人分别是弗兰克·博尔曼、吉姆·洛威尔和比尔·安德斯。在他们之前，还从来没有人去过离家那么远的地方呢。

他们乘坐的宇宙飞船叫阿波罗8号，小巧玲珑的航天舱刚好能装下他们3个。坐在里面的感觉就像是一连几天被锁在一个柜子里，你还有兴趣尝试吗?

发射时，阿波罗8号就在土星5号的顶部，这可比游乐园里的过山车刺激多了!

了无生趣的月球

飞向月球的旅途十分奇特。你眼睁睁地看着地球在你身后变得越来越小。过不了几天，它就变成漆黑宇宙中的一个蓝色的小点点了。

与此同时，月亮却变得越来越大。环绕月球飞行，满眼看到的都是山脉和火山喷发口。

月球上没有空气，也没有水。那里什么东西都没有。说白了，月球上了无生趣。

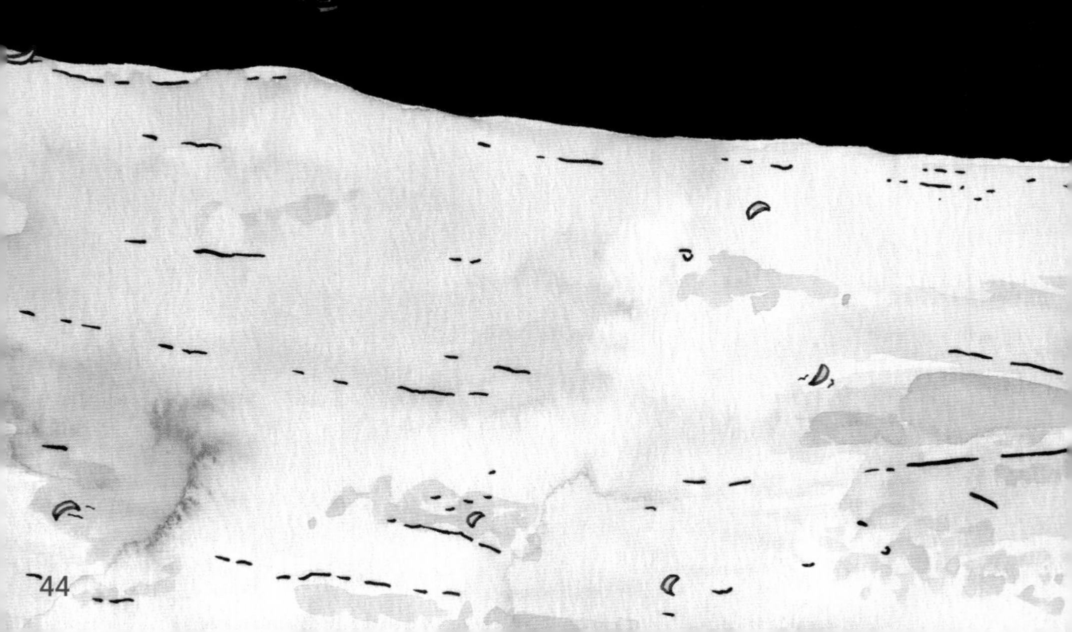

航天员们没有在月球上着陆。这压根就不可能，毕竟在那个时候，登月舱还没建造出来呢。他们围着月球转了10圈，然后飞回了地球。直到12月27日，他们才回到家，刚好赶上过元旦。

月球上的圣诞节

博尔曼、洛威尔和安德斯在月球附近度过了圣诞节。不用说，这是一个没有圣诞树的圣诞节，也没有礼物。不过，他们轮流朗读了《圣经》中的一个故事，地球上的人们都可以一同聆听。

在阿波罗8号飞往月球的航程中，安德斯还拍了一张特殊的照片。在这张照片上，前景是月球上寸草不生的景色。在月球的上空，飘浮着那颗生存着所有人类的星球——湛蓝色的地球。

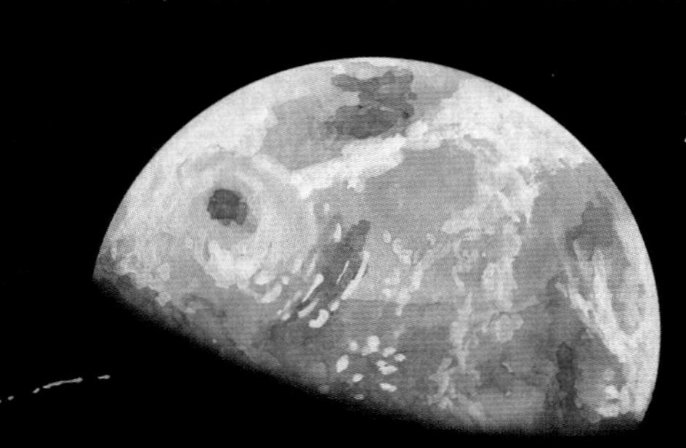

只要见过这张照片，你就会懂得，我们应当保护好我们的星球。它是整个宇宙里我们唯一可以生存的地方。

阿波罗8号以超快的速度穿过大气层，返回地球。与空气的摩擦使它变得滚烫滚烫的。多亏了专门的隔热板让它免于被烧毁。

1969年

跟着尼尔·阿姆斯特朗踏上月球

里克和马克是两个美国男孩。里克12岁，他的弟弟马克6岁。1969年7月16日，兄弟俩和母亲一起见证了阿波罗11号的发射。坐在阿波罗11号航天舱里的就是他们的父亲——尼尔·阿姆斯特朗。他要出发去月球啦。

假如你的爸爸或者妈妈准备飞上月球，你觉得怎么样？当然很酷啦！可是，这也很让人紧张。要知道，在太空中旅行，任何事情都有可能发生。也许，你的爸爸或者妈妈就永远也回不来了！

阿姆斯特朗不是一个人去的。阿波罗11号航天舱里还坐着另外两名航天员——巴兹·奥尔德林和迈克尔·柯林斯。他们共同完成了历史上最著名的太空旅行。

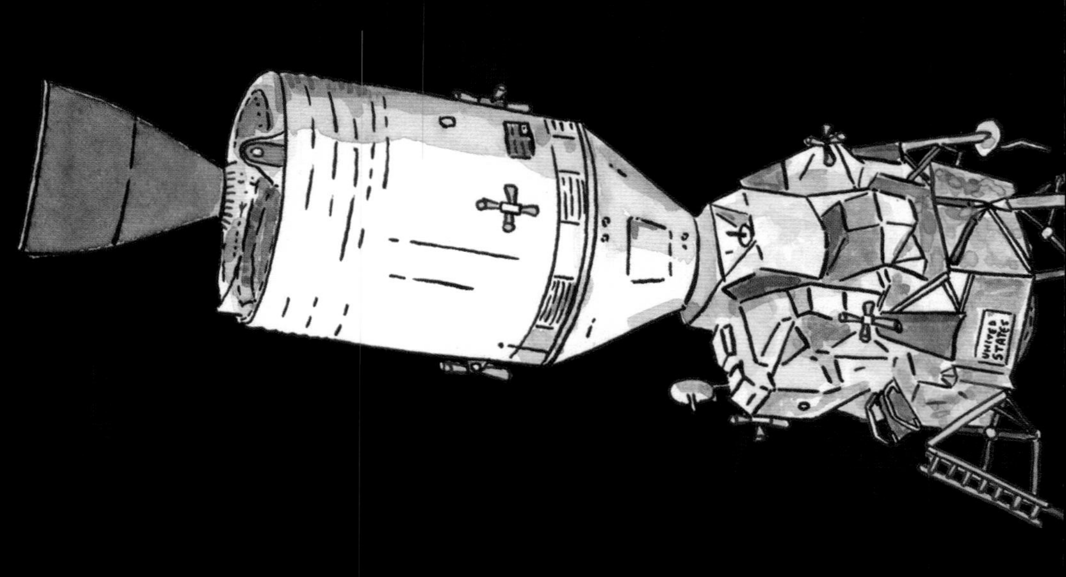

月球上布满了小巧玲珑的金色月岩。
你能找到它们吗？

答案在第96页！

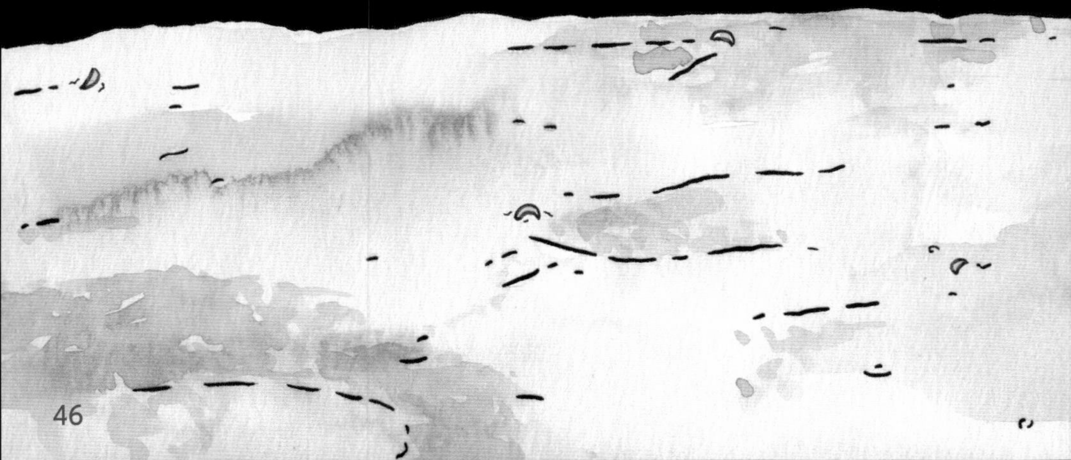

鹰号着陆

几天之后，阿波罗11号抵达了月球。柯林斯留在宇宙飞船的船舱里，沿着轨道环绕月球。阿姆斯特朗和奥尔德林进入了登月舱。登月舱的名字叫鹰。

他们事先已经选好了着陆点。那是一块平平整整的地方，没有火山喷发口，也没有山脉。然而，他们发现没法在那里着陆，因为那里布满了大块的砾石！

这并不是唯一的问题。登月舱的计算机不断失灵，而且燃料几乎已经耗尽了。

在这千钧一发的时刻，他们挺住了！阿姆斯特朗手动驾驶登月舱在一个安全区域着陆。“‘鹰’着陆成功。”阿姆斯特朗对地球上的控制中心说。

一小步

1969年7月21日，阿姆斯特朗打开登月舱的舱门。他走下阶梯，左脚小心翼翼地踩在月球上。“这是我个人的一小步，”他说，“但却是全人类的一大步。”

阿姆斯特朗是登上月球的第一人。紧随其后的是奥尔德林，他是世界第二人。有史以来，人类首次行走在地球以外的天体上！

当然，阿姆斯特朗和奥尔德林身上穿的是特殊的登月服，毕竟月球上是没有空气的。这些衣服又大又重。幸好，月球的引力非常小，所有物体在月球上的重量是在地球上的六分之一。就算身上穿着笨重的登月服，你也可以不费吹灰之力地蹦来蹦去。

回到地球

阿姆斯特朗和奥尔德林在月球上行走了两个半小时。他们有很多事情要做：插上美国国旗，拍照片，收集石头。当然了，他们还要看看美丽而又遥远的蓝色地球。

接着，航天员们回到了鹰号登月舱里。休息了几个小时后，他们升到空中，与指令舱成功对接，和柯林斯一起用了3天的时间飞回地球。

爸爸平平安安地回到家里，里克和马克当然高兴极啦。在后来的日子里，他们肯定常常指着月亮对朋友说：“看啊，我爸爸在那里行走过。”别人会相信他们的话吗?

月球上的越野赛

阿姆斯特朗和奥尔德林在月球上没走多远。为了安全，他们一直都守在登月舱的周围。

在之后执行载人登月任务时，他们还带上了一台小车——月球车，坐在上面就像开着卡丁车在月球上参加越野赛。它颠簸得很厉害，这是由于月球上引力很小。有时候，月球车还会连同4个轮子一起被弹到半空中！

有了月球车，航天员们可以驶向火山喷发口的边缘，也可以开往遍布着有趣石头的地带去采集样本。

月球车的前进速度跟自行车差不多。当然了，你用不着留意交通状况，这个问题压根就不存在。月球上也没有交通标志，而且停车也完全免费！你问什么？车胎漏气了怎么办？幸好，这样的事情不会发生，因为月球车的轮胎是用钢琴琴弦编织成的。

1970年

阿波罗13号的事

阿波罗11号的月球之旅获得了巨大的成功。阿波罗12号也同样一切顺利。然而，到了阿波罗13号却差一点儿就出事了，3名航天员也险些因此丧生。

太空里的爆炸

这3名航天员分别是吉姆·洛威尔、约翰·斯威格特和弗莱德·海斯。1970年4月11日，阿波罗13号发射升空，一切都进行得十分顺利。然而，2天之后，宇宙飞船的氧气罐却发生了爆炸！

这个事故导致阿波罗13号的航天舱里没有了新的氧气，而且电也断了，暖气也停了。

这该怎么办呢？地球和月球之间又没有修车行，没法为他们的宇宙飞船提供修理。即使掉头回家也来不及了。

只剩下一个办法了。洛威尔、斯威格特和海斯钻进了小小的登月舱里。登月舱和阿波罗13号的航天舱连接在一起，里面既有电，也有氧气。它简直是一艘救生艇。

登月自然是不可能的了。阿波罗13号环绕了月球，弥补了没有登月的遗憾。紧接着，它立刻返回地球。

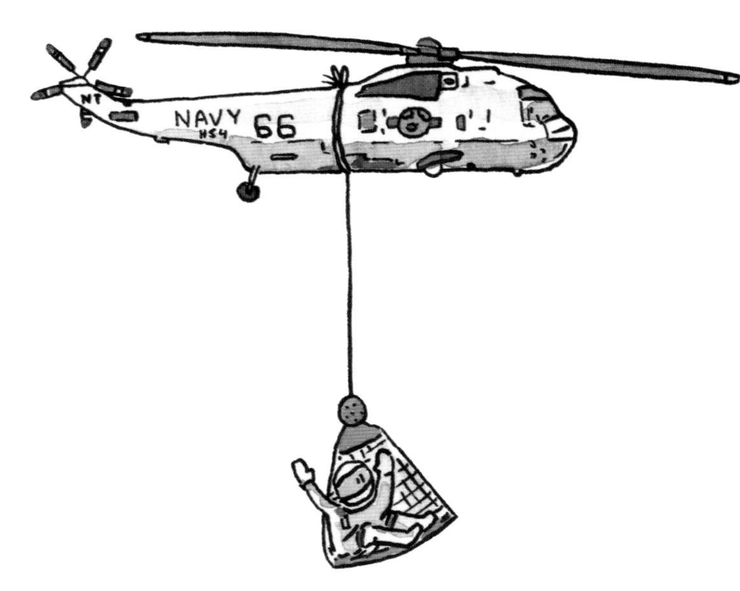

又湿又冷

3名航天员在登月舱里待了足足4天的时间。那里寒冷、漆黑、潮湿，简直就像数九寒天地底深处的小洞洞里。

为了过滤空气，斯威格特和海斯启用了一个特殊的小助手——一个塑料袋外加结实的胶带。要不是这样，他们就会窒息而亡。眼看着就要返回地球了，3名航天员爬回航天舱里。那里的氧气刚好能够支撑他们度过最后的几个小时。4月17日，他们降落在大海里。终于，所有人都松了一口气。

幸运的是，这次小事故发生在去程，而不是回程。否则，他们就没有了登月舱，航天员们也就回不来了。

1971年

前往其他行星

飞往月球的旅途需要3天。这时间可真长啊。其实，月球离我们并不算远，它是地球的卫星。

而太阳系的其他行星离我们可就远得多了。想要飞到某颗行星上，少说也要半年时间。所以，目前还没有任何人类到达过离地球最近的金星和火星。

但是有些航天探测器已经飞向了其他行星。航天探测器是一种无人宇宙飞船，它有很多优点：探测器上不需要准备吃的和喝的；它也不需要返回地球；万一出现问题，也没什么大不了的，反正上面没有人。

做鬼脸

早期飞向其他行星的航天探测器只能与行星擦肩而过，它们所做的无外乎是测量或者拍摄几张照片。可是，单凭这样，是没法细致研究任何一颗行星的。

以最早的火星照片为例，它们就不太理想。照片上只能看见火山喷发口。没有河流，没有树木和小草，更没有冲着镜头做鬼脸的火星人。

1971年5月，水手9号终于登场了。它没有与火星擦肩而过，反倒沿着火星轨道绕行起来。有史以来，人类第一次给地球以外的行星拍了几千张照片。

太阳系里的行星是用罗马神话中诸神的名字命名的。比如，火星（Mars）就是以战争之神的名字命名的。你知道这是为什么吗？就是因为它火红的颜色！

火星上的惊喜

水手9号让我们了解到，火星绝对不是一颗了无生趣的行星。航天探测器只是运气不太好罢了，它飞过的地方恰恰是火星上最没有生机的部分。这就好比外星人第一次拍摄地球的照片，飞过的偏偏是撒哈拉沙漠的上空。

水手9号拍摄到了火星上的沙尘暴和极地冰冠。在那里，除了火山喷发口，还能见到蜿蜒的沟壑，它们就像一条条干涸的河流。火星上还有一道巨大的峡谷，它有好几千米深，宽度达100多千米，长度超过4000千米。而最大的惊喜是——那里有一座巨大的火山，足足有2万多米高！

1976年

跟海盗号一起去火星

水手9号发现，火星是一颗十分有趣的行星。说不定那里还有生命存在呢！不是动物，也不是植物，而是火星细菌。可是从遥远的轨道望去，当然看不见这么细微的生命体啦。如果想弄清楚火星上到底有没有生命，就必须想法子在那里登陆才行。

1976年，幸运女神终于降临了。那年夏天，两台航天探测器在火星上平稳着陆，它们分别是海盗1号和海盗2号。

砾漠

其实，海盗号宇宙飞船是由两部分组成的。其中一部分留在轨道上，环绕着火星飞行，我们把这一部分称为轨道器。着陆器与它分离，降落在火星的表面。

在火星上着陆一点儿也不容易。想平平安安地飞越大气层，还得有一块隔热板才行。之后，就该打开两三顶巨大的降落伞减速了。最后的那段路程会用到一枚制动火箭。只有这一切都顺利完成，才能平稳着陆，实在是太不容易了。

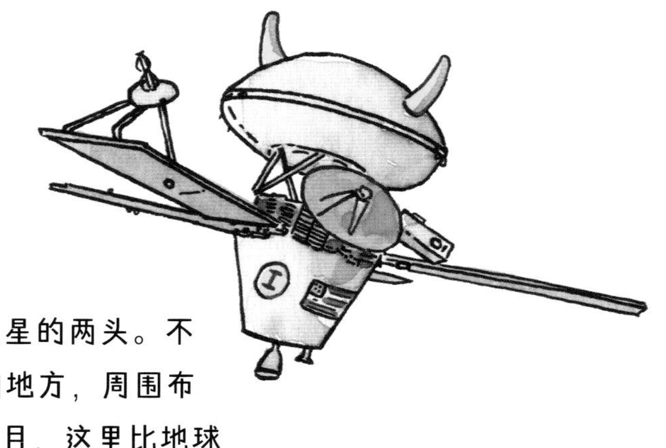

两台着陆器分别落到了火星的两头。不过，它们都落在了砾漠一般的地方，周围布满了小小的砾石和鹅卵石。而且，这里比地球上的沙漠地带可寒冷多了。

那里的平均温度大约是零下50摄氏度！

太空机器人

两台海盗号用成千上万张照片记录下了周围的环境。它们长长的手臂上各有一个小铲子。有了这个铲子，它们就可以收集火星上的沙石了。

一切都已经实现了自动化，在太空舱里就能对火星沙石进行分析。其实，这两台海盗号算得上是两个机器人——太空机器人。

假如火星上存在细菌，那么细菌就要呼吸和进食。这样一来，火星上的空气或者沙石就会产生一些变化。海盗号试图观测这些变化。可惜，它们没有找到火星细菌。但是，细菌说不定还是存在的，只不过海盗号没有找对方法而已。也许，只有在深不可测的地底才能找到火星细菌的身影呢。

地球拥有1颗很大的卫星——月球。火星有2颗小卫星，它们分别叫火卫一和火卫二。火卫一的直径大约是25千米，火卫二的直径还不到15千米。

1977年

旅行者号的发现之旅

在距离太阳很近的地方，有4颗小一些的行星，它们分别是水星、金星、地球和火星。在距离太阳很远的地方，还有4颗行星。它们的个头就大多了，全都是“大个子行星”，它们的名字叫木星、土星、天王星和海王星。

当然啦，想要前往那些遥远的行星，需要耗费很长很长时间。况且，如果每探测一颗行星就要重新发射一台航天探测器，那就要花费很多很多钱。

为此，加里·弗兰德罗想出了一个办法。弗兰德罗在美国国家航空航天局工作，很久以前，他就发现我们只需要一台航天探测器就能访遍4颗“大个子行星”，所用的时间也更短。只不过，我们一定要选择在这些行星处于最佳位置的时候发射。1977年，时机成熟了。

从行星到行星

为了确保万无一失，美国国家航空航天局还是打造了两台航天探测器——旅行者1号和旅行者2号。真是个好名字啊！这两台航天探测器即将踏上奇妙的发现之旅。

1977年夏天，它们成功发射了。一年半以后，它们就抵达了木星附近。木星是整个太阳系里最大、最重的行星。

在木星引力的作用下，旅行者号加快了速度。它们拐了一个弯，直奔土星而去。这可多亏了弗兰德罗想出来的好办法。

旅行者1号的速度更快一点儿，1980年11月，它掠过土星。1981年8月，也就是距离发射4年之后，旅行者2号也同样抵达了土星附近。

飞越太阳系

旅行者1号在考察完木星和土星后，以飞快的速度飞离了太阳系。可是，旅行者2号的发现之旅还没有结束。

旅行者2号在土星附近又一次拐弯、加速，直奔天王星而去。1986年1月，它经过了天王星。于是，1989年8月，旅行者2号抵达距离太阳最遥远的行星——海王星附近。最终，旅行者2号也飞出了太阳系，朝着宇宙深处而去。

你一定听说过哥伦布这个名字，他是一位著名的探险家。1492年，他发现了新大陆——美洲。旅行者2号就是太空探索道路上的哥伦布。在一次旅程里，它至少开启了4个新世界！

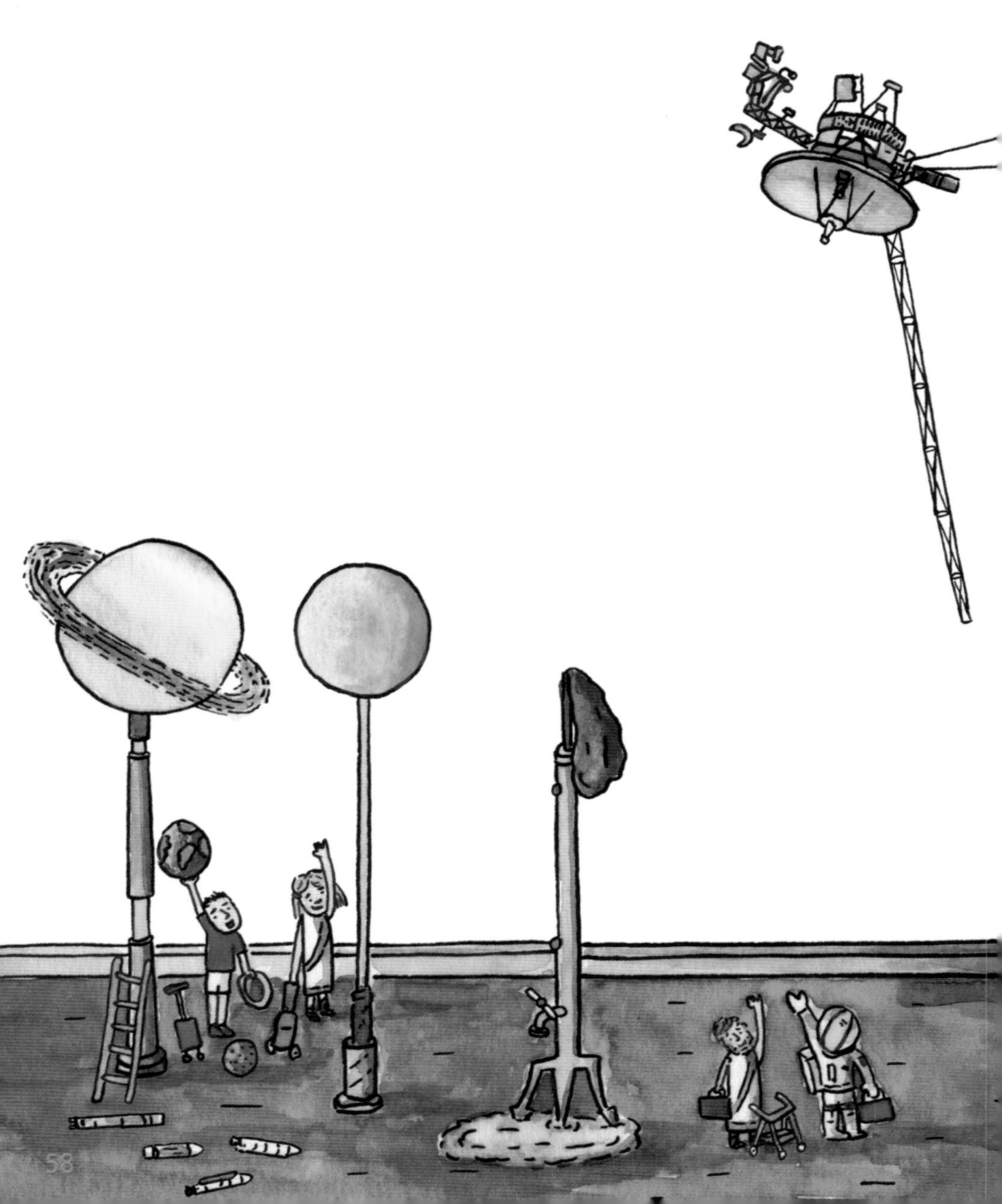

云、卫星和光环

旅行者号对大个子行星有了很多发现。它们给木星上的云层和气旋拍了很多照片和视频。它们还在木星的一颗卫星上观测到了火山爆发。

至于土星，它们对这颗行星的光环进行了研究，土星环是由不计其数的小冰块组成的。土星最大的卫星——土卫六有着浓厚的大气层。而且，旅行者号在天王星和海王星的周围也发现了云、卫星和光环。至今为止，这2枚旅行者号已经飞行了40多年的时间，它们都飞越了2000多万千米的旅程。然而，它们还要飞成千上万年才能抵达下一颗恒星。这就是我们浩瀚的宇宙！

太阳系的距离

太阳系大得出奇。单单地球与太阳之间的距离就有1.496亿千米，而地球与海王星之间的平均距离约为45亿千米。难怪宇宙飞船要飞这么久了。

只有把一切都缩小到原来的十亿分之一，你才会明白太阳系究竟多么巨大、多么空空荡荡。这么算下来，地球只有一颗弹珠那么大。距离弹珠40厘米的地方有一粒小珠子，它就是月球。

至于太阳嘛，那就远一些了。它在150米开外的地方，这距离够你走上2分钟的。太阳的大小是地球的100多倍，直径是1.4米，跟你的身高差不多！你问那些大个子行星在哪里？它们就更远了。木星是800米开外的1个椰子。海王星是距离你4.5千米的一个橘子，你得走上1个多小时才能到！就算骑自行车也需要20分钟。

1981年

用航天飞机运输货物

说实话，火箭不怎么环保，它们只能用一次。每进行一次太空旅行，就得重新建造一枚火箭。这就好比你每去一趟图书馆就要买一辆崭新的自行车！

于是，美国人想到了一个办法——用一种可以重复使用的飞机代替火箭。这个主意太好了！这样一来，我们就可以从地球飞到太空上，然后再飞回来，想飞多少次就飞多少次。因为它不停地来回穿梭，就像羽毛球一样，于是，人们就给它取名叫航天飞机。

1981年，航天飞机第一次踏上前往太空的旅程。那一天是4月12号，距离加加林著名的太空旅行过去了整整20年。

卡车

普通的飞机不能飞上太空。它们的飞行需要空气，可是太空里没有空气。因此，航天飞机是一种非常特殊的飞机。

它的发射原理和火箭一样，一飞冲天。然后，它就像人造卫星一样，落入轨道，飘浮在地球上空。之后，它像滑翔机一样降落在地面上。

航天飞机的构造有点儿像卡车。它的前面是座舱，里面能容纳7名航天员；后面是货舱，可以用来携带一颗巨大的人造卫星。

机器人手臂把人造卫星送进围绕着地球的轨道。之后，航天飞机就两手空空地回家了。接着，它整装待发，为下一段旅程做好了准备！

转圈圈

美国曾生产过6架航天飞机。第一架叫企业号，它是专门用来进行飞行测试的。之后，又有了哥伦比亚号、挑战者号、发现号、亚特兰蒂斯号和奋进号。这些航天飞机的外形看上去一模一样：上面是白色的，底部是黑色的，还配有舒展的大机翼。黑色的底部是隔热板，想要穿过大气层回到地球，那可离不开它。超过1000摄氏度的温度会让航天飞机底部变得极其滚烫。

这段旅程有时候会持续整整两周的时间。在这段时间里，航天员们围绕地球飞了几百圈。

发射时，航天飞机被固定在一个红褐色的巨大燃料箱上。每飞一次，燃料箱就要替换一次，那里面能装下的燃料少说也有200万升！

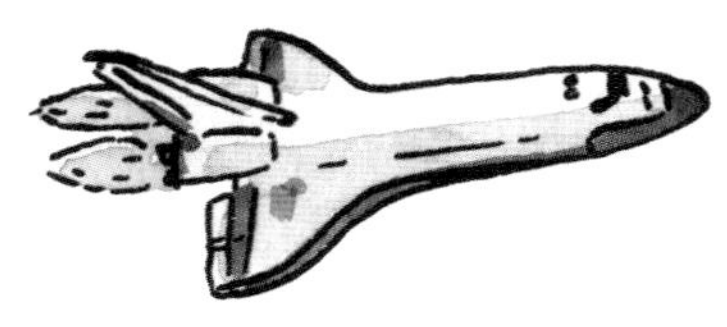

博物馆

从1998年起，航天飞机主要被用于建造巨大的国际空间站。不过，2011年以后，再也没有航天飞机飞上过太空。剩下的航天飞机全都被送进了博物馆。

归根到底，还是因为航天飞机太大、太贵了，更何况，那上面还要坐人。对于小型的人造卫星来说，还不如使用小型的非载人火箭来发射更合适。你也不会乘着大卡车去图书馆还书吧？这说的就是同一个道理！

通往太空的电梯

你听过《通向月球的自动扶梯》这首儿童歌曲吗？它是荷兰的流行乐队“小乐团”创作的。

我们当然不可能乘着自动扶梯去月球啦。不过，说不定我们有一天就能乘着电梯上太空了！这个想法早就产生了。

你知道吗？有的人造卫星在距离地球36000千米的高空中随着地球一起旋转。它总是停留在地球上空的同一个位置。也许，我们可以在地球和这颗人造卫星之间搭建一条“索道”，它就成了我们的太空电梯。从此以后，我们再也不用通过发射火箭飞入太空了。不过，太空电梯还没有成为现实。这条索道得足足有36000千米长，还要非常结实才行。这可不是一件容易的事。谁知道呢？也许有一天，它会变成现实。到时候，我们就不得不重新编一首儿童歌曲了！

1986年

偶尔的差错

假如自行车的车胎漏气了，那可麻烦了。不过，这倒没什么危险。假如小汽车在高速路上坏了，那就有可能引起交通事故。太空旅行比开汽车要危险很多、很多倍，历史上也的确发生过一些太空事故。宇宙飞船的构成十分复杂，任何零件损坏都会引起大麻烦。而太空里还隐藏着另一种危险——离开了宇宙飞船，就没有了我们赖以呼吸的空气。所以，我们哪儿也去不了。

1970年，阿波罗13号侥幸返回地球。但是16年后，太空旅行史上最悲惨的意外发生了。

太空里的女老师

1986年1月28日，挑战者号航天飞机发射升空了。这架航天飞机上有6名航天员和1位女老师——科里斯塔·麦考利芙。经历了这次旅行，麦考利芙就可以为学校里的孩子们讲述太空究竟多么美丽了。

当然了，麦考利芙的父母亲也在发射现场，许多孩子们也都赶来欢送他们的老师，所有人都为她感到骄傲。

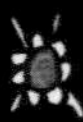

然而，挑战者号刚发射不久，燃料箱就发生了爆炸。航天飞机的残骸落入大海中，7名机组乘员全部遇难。麦考利芙老师再也没能回到课堂上。

危险的职业

在以往的太空旅行中，也曾发生过致命的意外。1967年，3名美国航天员在进行地面测试时，被活活烧死在阿波罗1号的指令舱里。一名苏联航天员因为降落伞失灵，最终跟宇宙飞船一起坠毁。另外还有3名苏联航天员因为宇宙飞船氧气泄漏，最后窒息而亡。

2003年，又一起惨烈的意外发生了。哥伦比亚号航天飞机的隔热板损坏，在着陆过程中，它炸成了碎片，又有7名航天员因此丧生。瞧瞧吧，太空旅行是很危险的。想要成为航天员，一定要非常勇敢才行呢。

1990年

太空里的望远镜

月球、行星和恒星全都离我们十分遥远。想要仔细观察它们，就要用到望远镜，而且是一种超级望远镜。望远镜越大，我们能看到的东西就越多。

不过，还是有一个问题。我们头顶上方的天空总是微微地颤动，所以，我们眼里的星星总是一闪一闪的。因此，望远镜里的影像也不是完全清晰的。

而太空里没有空气，所以，在那里视线就不会被空气干扰。于是，科学家们有了一个主意——把望远镜送上太空。

好看的照片

这架太空望远镜是以著名的天文学家爱德文·哈勃命名的，我们称它为哈勃空间望远镜。

哈勃空间望远镜和公共汽车一样大。1990年，它跟随航天飞机一同发射升空，航天飞机的货舱恰好装得下这个大家伙。

哈勃空间望远镜和人造卫星一样，沿着轨道飘浮在地球上空。太空望远镜没有载人，反正我们也不需要派人在太空中举着望远镜观测。太空望远镜会自动拍摄好看的照片，并且把它们发送给地球上的科学家们。

可是，当我们收到第一批照片时，所有人都大惊失色——这些照片还是不够清晰！望远镜的镜片出了差错。这可怎么办呢？

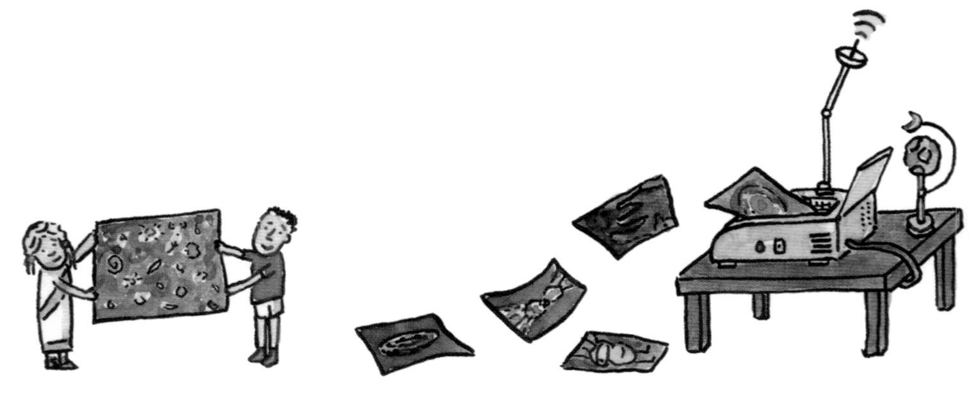

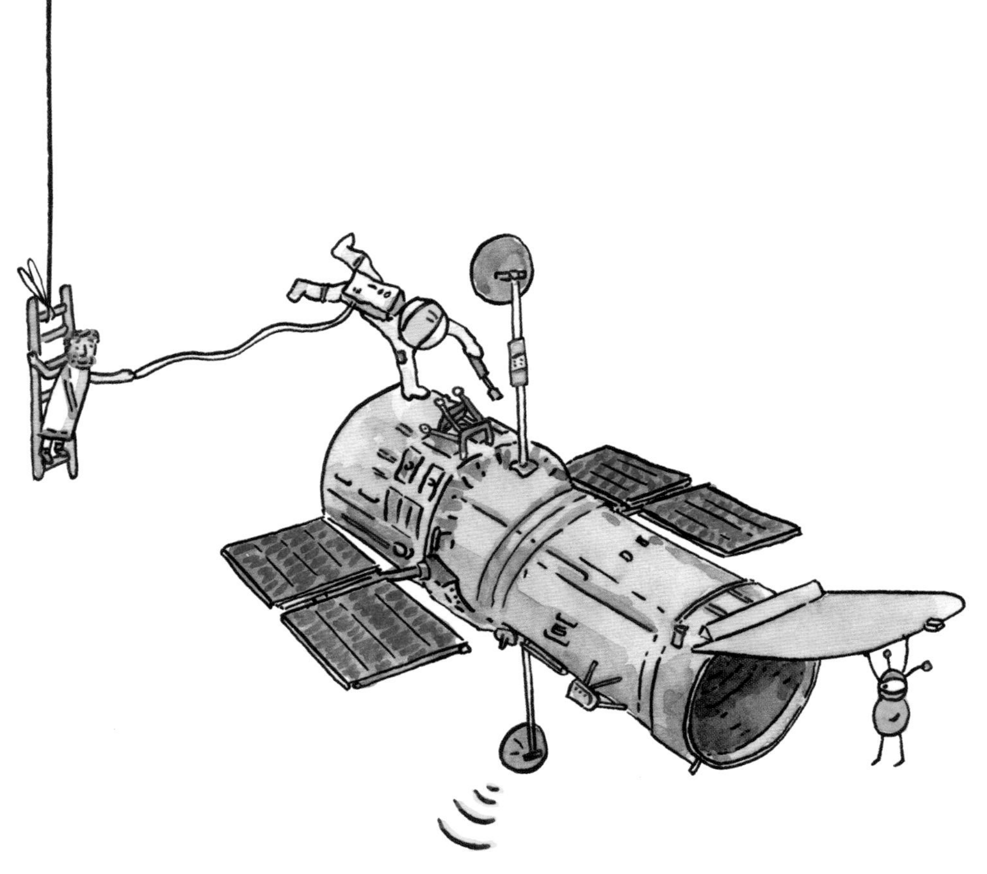

太空巡警

幸好航天飞机可以再一次探访哈勃空间望远镜。1993年，航天员对哈勃空间望远镜进行了维修，它终于以最佳状态投入工作。

后来，人们还对哈勃空间望远镜进行过好几次维修，并且更换了损坏的部件。有这样一个“太空巡警”真是太好了！顺便说一句，哈勃空间望远镜还拥有了崭新的照相机，可以拍出更好看的照片。

时至今日，哈勃空间望远镜已经30多岁了，不过，它还运行得好好的。只是，航天飞机已经退休了。万一又有哪个部件坏了，那就没法再修理了。这也就难怪科学家们这么小心翼翼的了。

哈勃空间望远镜的继任者——詹姆斯·韦伯空间望远镜在2021年12月25日年发射升空了。有了韦伯空间望远镜，科学家们就能对宇宙进行更深入的研究了。

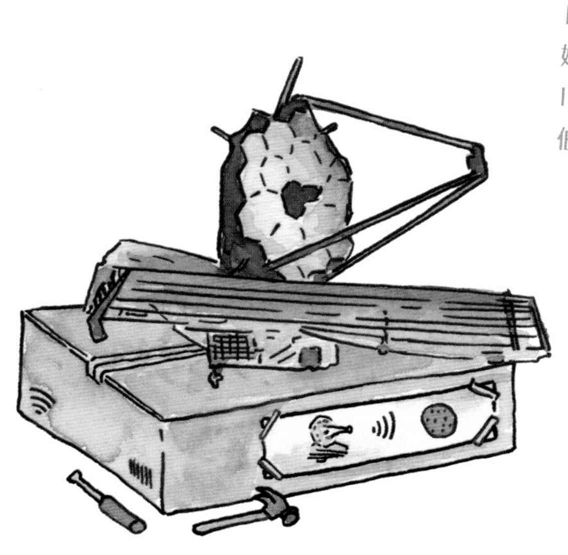

1998年

探访国际空间站

阿波罗11号的船舱很迷你，只装得下3名航天员。航天飞机的机舱比它大一点儿。可是，如果要在太空里待上很长、很长时间，自然就需要更多的空间！

好吧，这样说来，我们需要发射一艘和房子一样大的宇宙飞船。但是，这是不可能一次成功的，这么大的火箭还没发明出来呢。倒是有一个办法，那就是分几次发射一些太空舱。我们要做的就是在环绕地球的轨道里把它们连接在一起。

这和安装火车是同一个道理，一节一节的车厢连接在一起就变成了一列长长的火车。国际空间站就是这样建成的，许多国家都参与了建造。1998年，国际空间站的第一个部分被发射升空，它就是第一舱段。它的大小和卡车差不多。之后，越来越多的舱段加入了它的行列。迄今为止，已经有差不多15个了。

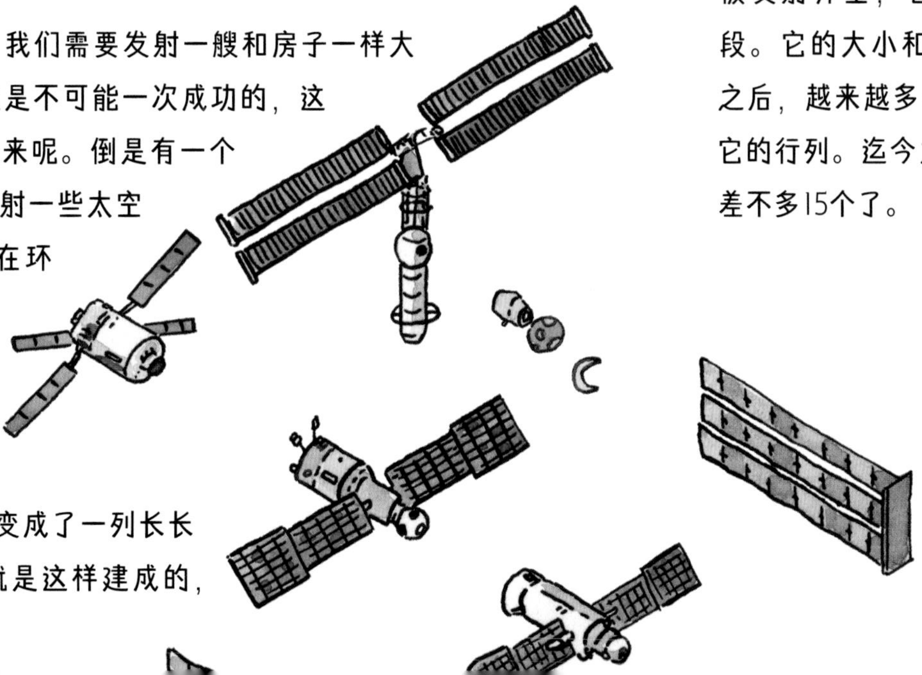

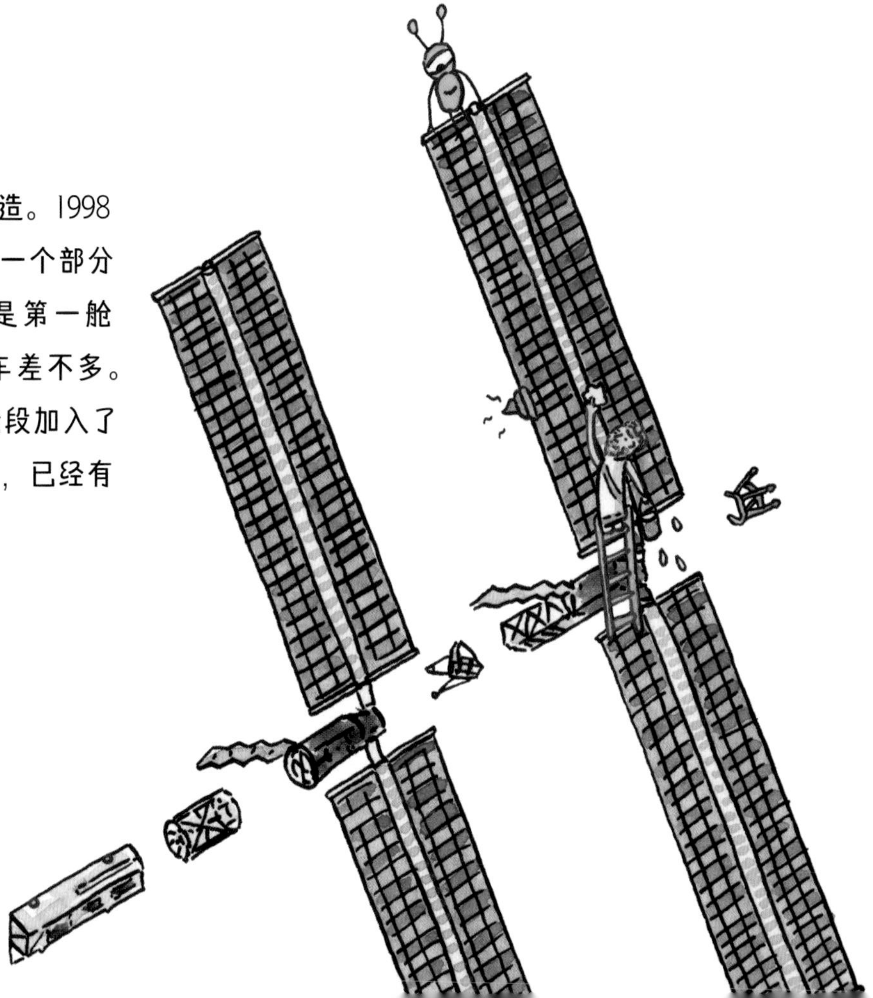

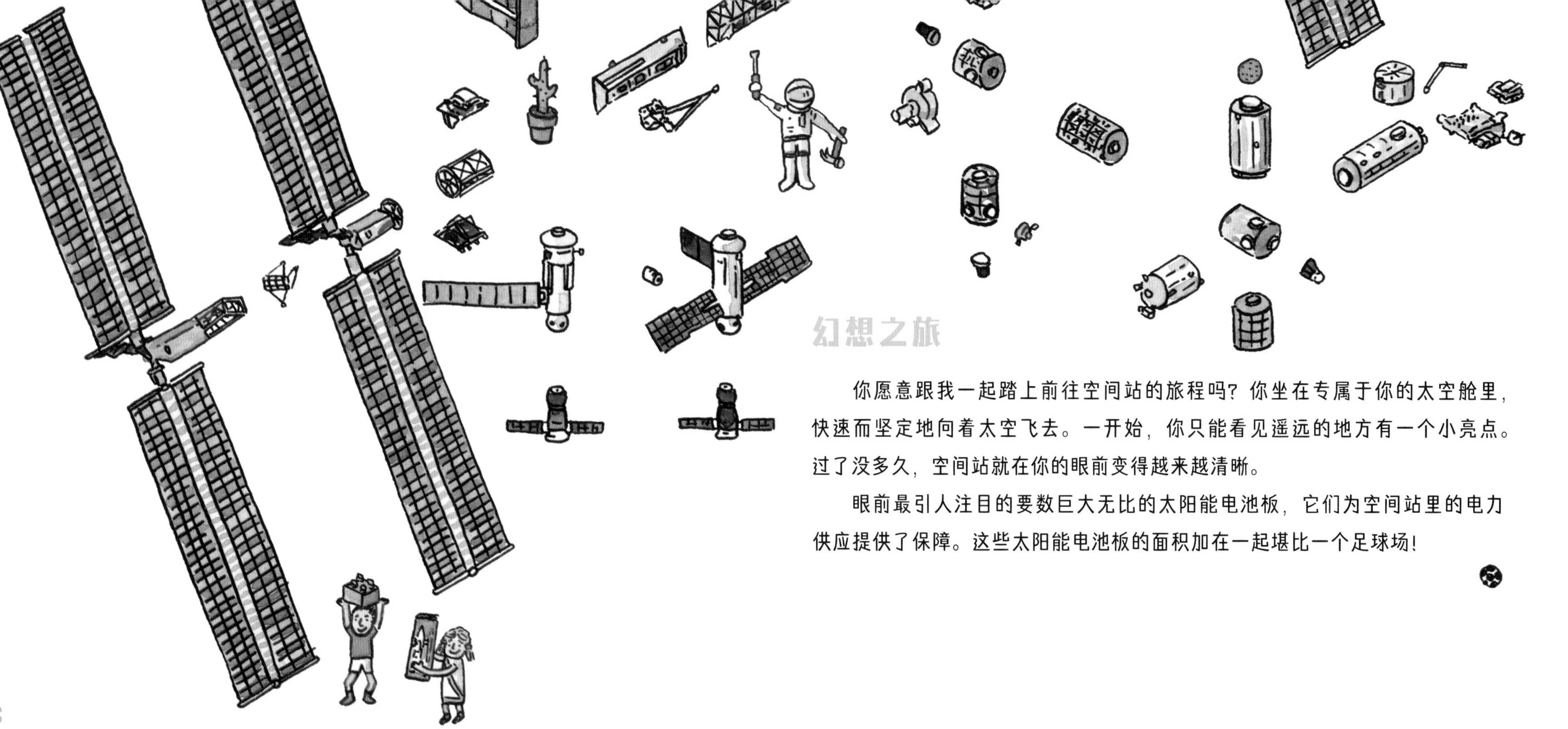

幻想之旅

你愿意跟我一起踏上前往空间站的旅程吗？你坐在专属于你的太空舱里，快速而坚定地向着太空飞去。一开始，你只能看见遥远的地方有一个小亮点。过了没多久，空间站就在你的眼前变得越来越清晰。

眼前最引人注目的要数巨大无比的太阳能电池板，它们为空间站里的电力供应提供了保障。这些太阳能电池板的面积加在一起堪比一个足球场！

欢迎登机

空间站的舱段严丝合缝地连接在一起。不过，它们和火车不一样，不是整整齐齐地排成一排，而是朝着四面八方展开。这在太空里算不上什么难事。

现在，你要把自己的太空舱和它们紧紧地对接在一起。你小心翼翼地把太空舱开到了正确的位置上，穿过一扇圆圆的舱门，飘了进去。全体人员都在等候你的到来，那里有6个来自世界各国的航天员对你说："欢迎你！"

幸好有一位航天员一直陪着你，她给你指明了通往所有舱段的路。要不然，你肯定会迷路的。

有时候，我们能站在地球上望见天上的空间站——你会看见一颗十分明亮的星星从天空中划过。用不了几分钟，它就从你的视线里消失了。

生活和工作

白天，你帮助航天员们进行科学实验。他们的研究包括人体对失重的反应、植物是如何在太空中生长的，以及制造特殊的药物。

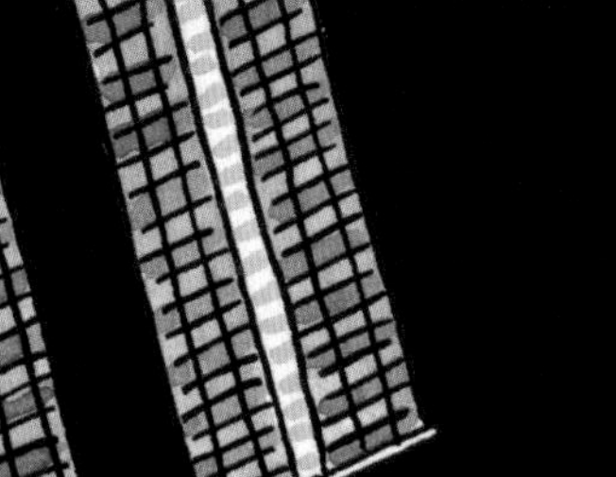

休息的时候，你吃着航天员的航天餐，喝着专用挤压瓶里的水。你还得学会怎么在太空里上厕所和洗澡。闲下来的时候，你可以看看电影或者读读书，也可以眺望地球，饱饱眼福。

有些航天员在空间站里一待就是好几个月，他们在太空里生活和工作。换作是你，你的新鲜感能维持多长时间呢？

你就庆幸这是一段幻想之旅吧！要是觉得没意思了，你可以随时返回地球。

失重

太空是一个失重的环境。你会飘来飘去，四处游荡。在那里，没有上和下的区别。一开始，你很不习惯，甚至觉得恶心、想吐。可是，过一会儿，你就会觉得非常舒服。有些人以为是因为太空里没有重力才会失重。其实，这种想法是错误的。地球就在不远处，正是因为受到地球重力的作用，空间站才会乖乖待在轨道上！

2004年

火星上的漫游车

想象一下：你可以在主题乐园里度过一天的时间，但是只能一直待在同一个地方。这真是没劲透了，你肯定想到处跑、到处玩！

在火星上也一样。1975年发射的两台海盗号火星探测器在火星表面着陆后，一直都待在同一个地方，只能拍摄到周围的景象，哪儿也去不了。

有了漫游车，它就可以在火星上到处探索了。假如它发现远处有一块奇怪的石头，就可以一路开到石头跟前。这样一来，我们就可以对火星上各种各样有趣的东西进行研究啦。

弹跳着陆

2004年1月，美国的2台漫游车在火星上着陆了，它们分别是勇气号和机遇号。它们能拍照、会测量，踩着脚下的6个轮子四处乱窜。

在着陆过程中，勇气号和机遇号被结实的大气球包裹得严严实实。它们弹跳了好一会儿才落在火星的沙漠里。接着，气球放光了气，小车可以开始工作了。

勇气号和机遇号有了重大的发现——虽然今时今日的火星是一个寒冷、干燥的星球，可是，很久很久以前，那里曾经和地球一样拥有海洋。说不定，那个时候的火星上还有过生命呢！

2012年，美国的好奇号漫游车在火星上驰骋。2021年，又有两台小车加入了这个行列，一台是来自中国的祝融号，一台是来自美国的毅力号。美国的毅力号还携带了一架小型火星直升机。2023年，就该轮到欧洲的罗莎琳德·富兰克林号登陆了。

沙尘暴

火星上可不像主题乐园那么好玩，那里零下50摄氏度，还有巨大的沙尘暴。漫游车必须经受住所有的考验。

早在1997年，一台小型的火星车——旅居者号就已经成功登陆了火星，它在那里坚持了3个月的时间。勇气号和机遇号运行的时间比它长多了。勇气号在火星上驰骋了6年，后来，因为电力故障等原因结束了任务。机遇号坚持了至少14年，后来在一场巨大的沙尘暴中遭到了损坏。

机遇号行驶得很慢，每天只能前进一丁点儿。它一共行驶了45千米的路程，说起来还是很不错的。

2004年

跟着安德烈·库珀斯上太空

很久很久以前，阿姆斯特丹有一个小男孩，他的名字叫安德烈。安德烈十分热爱太空。

他抱着收音机收听惊心动魄的宇宙故事，读着凡尔纳的书和漫画故事《丁丁历险记》。安德烈最大的梦想就是成为一名航天员。

安德烈上学时很努力，他大学毕业后成了一名医生。后来，他帮助其他航天员完成了太空实验。1998年，他正式开启学业，想成为一名航天员。他获得了成功！

这个故事的主人公是安德烈·库珀斯——著名的荷兰航天员。

两次上太空

安德烈上过两次太空。他去的不是月球，也不是火星，而是空间站。他第一次上太空是在2004年4月，这段太空旅行维持了11天。他的第二次太空旅行持续的时间更长，足足半年多，从2011年年底到2012年年中。在这段旅程中，他带上了一个特别的绿色玩偶，它是阿姆斯特丹阿提斯天文馆的太空吉祥物。

在此期间，安德烈的妻子和孩子都留在地球上，他们可以偶尔发发邮件或者打打电话。

回家

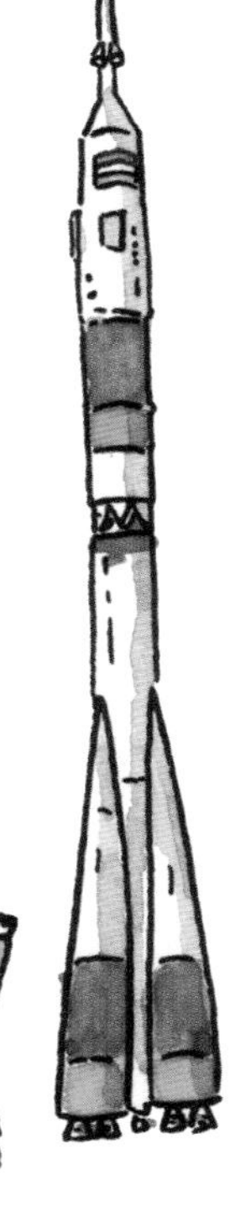

安德烈和另外两名航天员一起搭乘俄罗斯的联盟号载人飞船飞向空间站。他们返程时搭乘的同样是联盟号。小小的飞船背着大大的降落伞落回地面。

安德烈第二次从太空刚返回地球时几乎走不了路。半年多来，他一直处在失重的环境里。现在，他不得不重新适应地球上的重力。安德烈很喜欢讲述自己的太空奇遇记，他的经历被改编成舞台剧《2021，太空漫游》，他还写了一本童书——《航天员安德烈》。

2005年

跟着惠更斯认识土卫六

土星是整个太阳系最好看的行星，这当然离不开环绕在它身旁的光环的功劳啦。但是，环绕着土星的不仅仅是光环，还有很多卫星。它们之中个头最大的就是土卫六，它也是土星所有卫星之中最特别的。

很久很久以前（1655年），荷兰天文学家克里斯蒂安·惠更斯就发现了土卫六。而另一位荷兰天文学家杰拉德·柯伊伯在1944年发现土卫六拥有浓厚的大气层。

然而，最重大的发现却来自卡西尼号航天探测器——它发现土卫六上有湖泊。只不过，土卫六上的温度低至零下180摄氏度，所以湖泊里不是水，而是液态气体。真是太奇怪了。

扣人心弦的着陆

2004年，卡西尼号抵达土星，它还携带了一个以克里斯蒂安·惠更斯命名的着陆器。2005年1月14日，惠更斯号稳稳地降落在土卫六的表面。在这之前，还从来没有任何一个探测器登陆过其他行星的卫星。

这真是扣人心弦的一幕。降落伞能不能穿越怪异的大气层，顺利打开？土卫六上会不会刮大风？惠更斯号能不能安全落在土卫六的表面上，而不是掉进奇怪的湖泊里？为了确保万无一失，着陆器被制作成可以漂浮的样子，就像一艘小船一样。幸好，一切顺利。

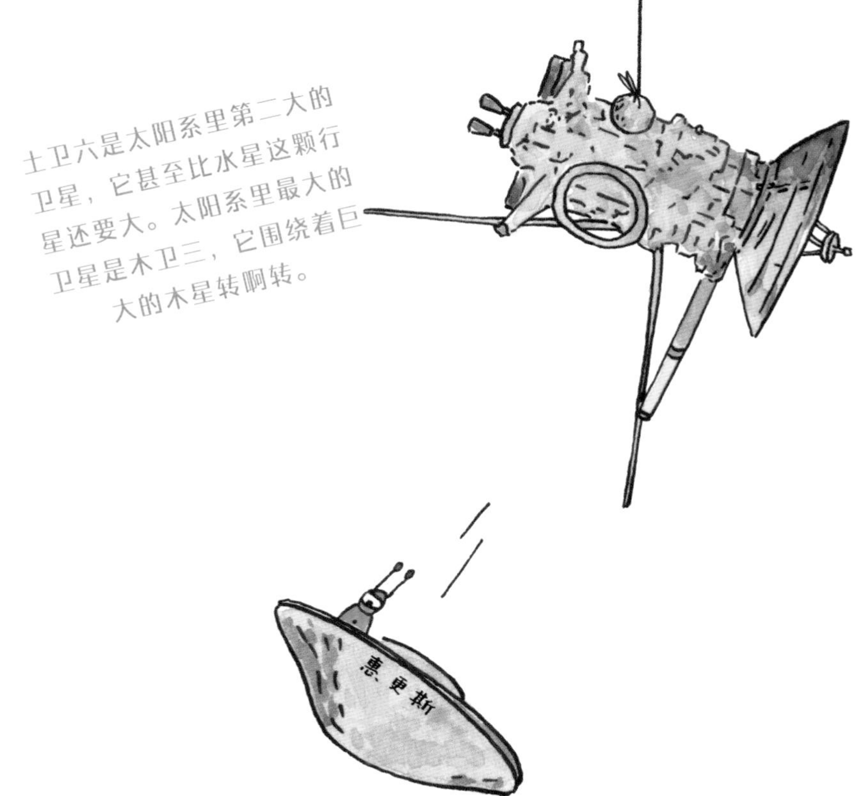

土卫六是太阳系里第二大的卫星，它甚至比水星这颗行星还要大。太阳系里最大的卫星是木卫三，它围绕着巨大的木星转啊转。

奇怪的卫星

惠更斯号着陆后就开始拍摄照片和测量，但90分钟后，它的电池就用完了，它永远停止了工作。从照片上可以看到砾石似的石头。只不过，它们不是石头，而是被冻得硬邦邦的冰块。土卫六的地面黏糊糊的，黏的不是水，而是液态气体。

那里还有怪异的沙粒丘和寒冷的冰火山。有时候，天上会下起一阵倾盆大雨，一大颗一大颗的液态气体从天而降。说不定，在土卫六深深的地底还埋藏着海洋，有着和地球上一样的海水。

土卫六上的一切都和我们这里不同。你可以凭借你的想象给它画一幅美丽的画。

2010年

跟着猎鹰9号火箭上上下下

大多数火箭都是一次性的，它们把人造卫星送上围绕着地球的轨道。火箭底部的燃料箱燃尽之后就会掉入深深的海底。火箭最上面的部分也会在地球的大气层里燃烧殆尽。

埃隆·马斯克觉得这种做法太浪费了。他构想出了一种可以重复使用的火箭，而且，它比航天飞机更小、更便宜。只要人造卫星进入了正确的轨道，火箭就会返回地球，它的返回过程就像把发射的那一幕倒带回放一般。然后，我们只需往火箭里灌入新的燃料，它就可以准备下一次的发射了。

埃隆·马斯克的火箭叫猎鹰9号，2010年，它完成了首次旅程。目前，已经有很多人造卫星跟随着猎鹰9号一起发射升空。这也没什么稀奇的，毕竟这种类型的发射比普通火箭便宜多了。

埃隆·马斯克还建造了一枚大号火箭——重型猎鹰。2020年，它第一次把航天员送上空间站。

2013年

嫦娥三号——月球上的仙女

2013年年底，一台太空探测器登上了月球。这是自1976年苏联的月球24号登月之后37年以来的第一次。这台崭新的探测器不是美国、俄罗斯或者欧洲的，而是中国的。它还携带了一台小小的月球车。

这台来自中国的探测器叫作嫦娥三号，它是以中国古代传说中的仙女命名的。故事里的仙女嫦娥抱着一只玉兔，所以，这台来自中国的月球车就被取名为“玉兔”。

中国早就制造出了火箭和人造卫星，甚至还发射了两个空间实验室，天宫空间站也即将建成。嫦娥三号却是中国第一台月球探测器。

2019年，月球上又多了一台来自中国的月球探测器。你肯定猜到它的名字了——没错，它就是嫦娥四号。

2015年

跟着新地平线号去冥王星

太阳有八大行星——水星、金星、地球、火星、木星、土星、天王星和海王星。

然而，在比海王星更遥远的地方还有一颗迷你行星——冥王星。从地球上往天空看，冥王星是一个微乎其微的小亮点。但是，2015年夏天，一艘宇宙飞船探访了冥王星，我们终于揭开了它的神秘面纱。

冥王星比月球还小，它是一颗矮行星。它与太阳之间的距离太远了，以至于它被冻得硬邦邦的。冥王星上的平均温度是零下230摄氏度！

漫长的旅程

2015年探访冥王星的航天探测器叫新地平线号，它是2006年发射升空的。没错，它的飞行距离有好几十亿千米。为了到达那里，它足足飞了9年多。

一眼望去，冥王星上覆盖着巨大的冰原和冰川。它们不是冻结的水，而是冻结的氮气。冥王星上还有山脉和火山喷发口。这颗矮行星有1颗巨大的卫星（冥卫一）和4颗小巧的卫星，它们和冥王星一样寒冷。

人类也许永远不会登上冥王星，因为通往冥王星的旅程太漫长了。假如有一天你真的要去，那可千万别忘了带上你的帽子、手套和溜冰鞋哦！

冥王星是以古罗马神话中“阴间之王”的名字来命名的。它是在1930年由一个名叫威妮夏·伯尼的11岁的英国女孩取的。在威妮夏看来，这颗新发现的行星距离太阳非常遥远，这个名字再适合不过了。2006年，天文学家们决定把冥王星从行星的行列中除名，把它划为矮行星。

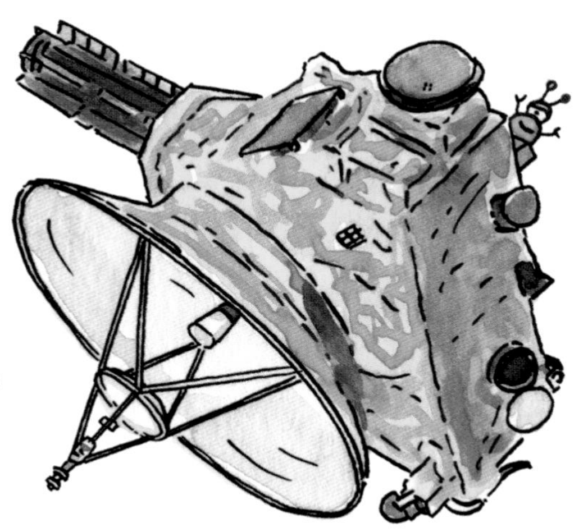

雪人

在太阳系的边缘，还飘浮着很多类似的“冰球行星”。它们的个头比冥王星还小得多，只有通过巨大无比的天文望远镜，才能从地球上看到它们。

2019年1月1日，新地平线号飞越了一颗冰矮星——“天涯海角”（小行星9668），它距离地球超过64亿千米。

“天涯海角”的模样与众不同。它的形状不是一个圆球，而是两个扁球拼在一起，看上去有点儿像一个被砸扁的雪人。不过，这个雪人的身高足有35000米，你可能没法砸扁它。

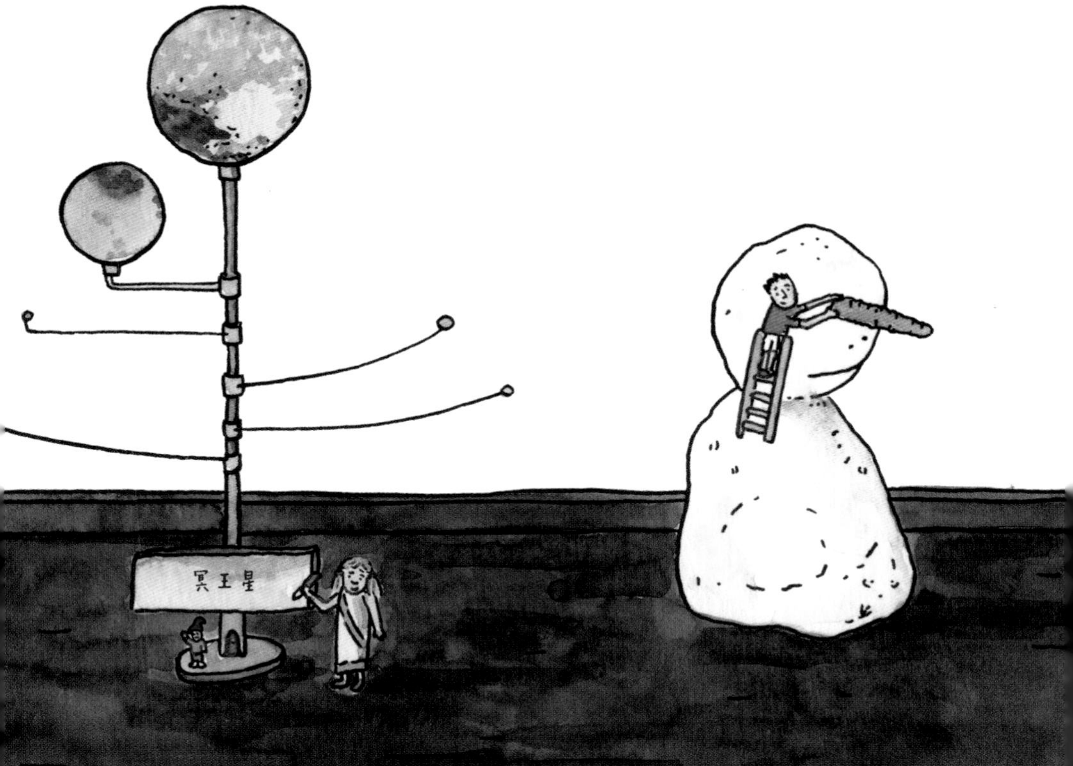

2018年

埃隆·马斯克的太空跑车

刚才已经介绍过埃隆·马斯克了，他是太空探索技术公司的老板，就是这家公司建造了猎鹰9号火箭。与此同时，他还是特斯拉公司的老板，这家公司是生产电动汽车的。马斯克也是全世界最富有的人之一。

2018年，太空探索技术公司进行了新一轮火箭发射的试验。谁也不知道这次试验能不能成功，所以试验的时候，火箭上没有载人，也没有装载昂贵的人造卫星。

火箭上装的是属于马斯克本人的一辆猩红色的特斯拉跑车。不过，它却见证了奇迹。此时此刻，这辆红彤彤的特斯拉跑车正沿着轨道环绕太阳飞行，它已经飞越了足足好几十亿千米！

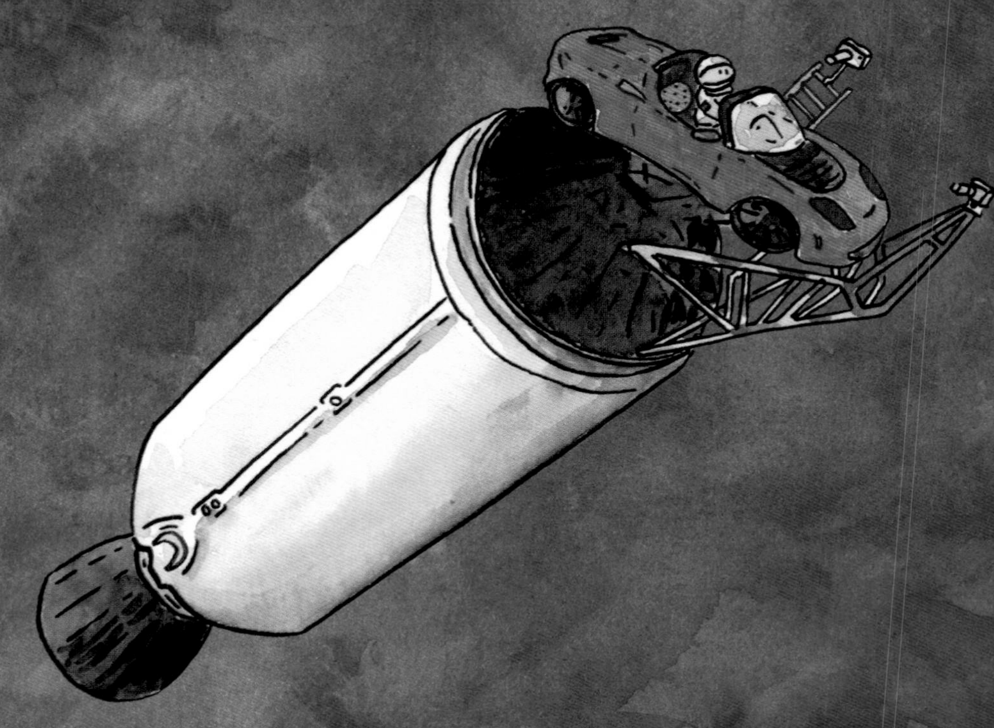

2018年

跟着瓦力和伊芙上火星

瓦力（左边）和伊芙（右边）的模样十分相似。不过，它们还是有一点点不一样的。你能找到它们的7个不同之处吗？

瓦力是著名电影《机器人总动员》中一个可爱的清扫型机器人。在电影里，瓦力爱上了另一个探测机器人伊芙。

2018年，以瓦力和伊芙命名的两颗小小的人造卫星发射升空。瓦力和伊芙与洞察号火星着陆器一起一口气飞上火星。洞察号着陆后不久，就把火星的照片传回了地球。

这两颗人造卫星小小的，个头比鞋盒子大不了多少。在从前，这简直是天方夜谭，可是今天，所有的东西都可以“压缩”。只要看看手机就知道了：那里面可是装着一台完整的计算机呢！

近几年，既小巧又便宜的人造卫星越来越多地被发射到太空中。其中有一些人造卫星的大小和牛奶盒差不多，因此，它们也被称作“立方体卫星”。

2019年

乘着阳光起航

逆风骑车是一件很费劲的事情。顺风就好多了，而且风要是刮得够大，你都用不着蹬脚踏板了！

再看看帆船。帆船没有发动机，却能利用风力勇往直前。只要把船帆侧一点儿，船就可以向左偏或者向右偏。

宇宙飞船也能做到这样吗？如果能就太好了。这样一来，我们就不需要发动机，也不需要燃料了。

只可惜，太空里没有空气，没有空气就没有风。看来，想在太空里扬帆起航是不可能了。

光帆

聪明的科学家们想到了一个办法。太空里阳光充足，而阳光的光子动量也可以像地球上的风一样，轻轻地推动帆。这样一来，我们就可以在太空里驭光前行了！

2019年，我们首次获得了成功。一枚普通的火箭把一颗小小的人造卫星送上了环绕地球的轨道。这颗人造卫星的名字叫光帆2号。进入太空后，这颗人造卫星展开它的光帆，光帆的长和宽都接近6米。

在阳光的驱动下，光帆2号的轨道发生了变化。只要光帆稍一倾斜，就可以改变方向啦！

微风

事实上，用光帆进行太空旅行是一次试验。在这之前，已经有过很多次试飞，可是，每一次试飞都出了状况。光帆2号在太空成功验证了太阳帆技术。

说不定在未来，光帆会变得更加常见。不过，你得耐心一点儿才行哦。要知道，太阳光的“风”实在太微弱了。那种感觉就像是在风平浪静的湖面上漂荡着一只帆船，让岸边的人朝着船帆吹几口气。这可起不了什么作用。

然而，幸亏太空里没有摩擦力，就算再微弱的风，也能让你越飞越快。

2021年

去太空远足

没有驾照就不能开汽车。想要成为飞行员，就要先上航天学校。只不过，就算没有驾照，你也能坐汽车。即便我们不是飞行员，也能坐着飞机去旅行，只要当一名普通乘客就好啦。

如果我们也能这样随意地去太空旅行，那就太好了！当然了，宇宙飞船必须由真真正正的航天员来驾驶。可是，说不定飞船里也能装下几名乘客呢？这样一来，我们就可以去太空里远足了。这跟去海边度假可是完全不一样的哦！

太空观光游

丹尼斯·蒂托是全世界第一名太空游客。2001年，他获得了前往国际空间站的许可。在那里待了一个星期后，他就回家了。

在国际空间站里待上一个星期可比在海边租一个度假别墅贵多了。丹尼斯为这趟假期旅行支付了将近2000万美元（约为1.3亿元人民币）！

在他之后，还有几名游客去国际空间站观光过，他们全都是非常有钱的生意人。要知道，花2000万美元度一个星期的假，这可不是人人都负担得起的。

美轮美奂的景观

2021年，世界发生了一些变化。我们已经建造出足以容纳6名乘客的宇宙飞船。

这些宇宙飞船不是用来飞向月球和火星的，也不是飞往国际空间站的，它们甚至不会飞入环绕地球的轨道里。它们会“跳蛙跳”，就像谢泼德在1961年美国的首次载人航天之旅中所做的那样。

在这段短暂的旅程中，你会一连好几分钟处于失重状态，还能欣赏片刻美轮美奂的地球景观。过不了几个小时，你就回到地面上了。

这当然不能被称为一段真正的假期。可是，它却比前往国际空间站的旅程便宜多了。你想试试吗？赶快开始存钱吧！

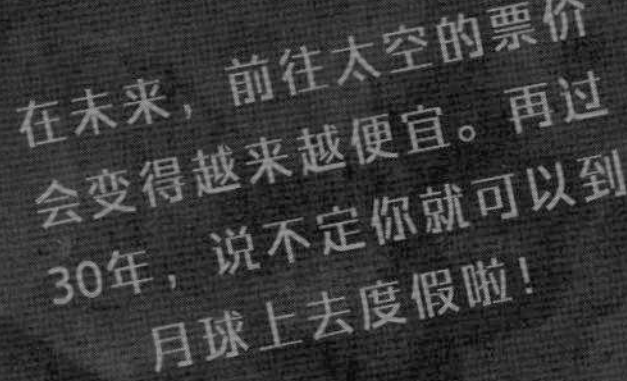

在未来，前往太空的票价会变得越来越便宜。再过30年，说不定你就可以到月球上去度假啦！

2050年？

有人愿意住到火星上去吗？

搬家可不是一件有趣的事情。周围的一切都会发生改变，不一样的街道、不一样的小区，还有完全不一样的房子。你得适应你的新房间，说不定还得转去一所新的学校。

假如你搬去别的城市居住，你就会离开你的好朋友们。假如你搬去别的国家居住，你说不定还得学习一种新的语言。

那搬去别的行星居住是什么样的体验呢？背上行囊，搬到火星上去居住……你愿意试一试吗？

火星上的人类

火星离我们十分遥远。飞往火星的太空旅程需要大约8个月的时间，难怪还没有人类到达过那个地方了。

然而，飞往火星这个念头已经在我们的脑海里存在很长时间了。要知道，这完全是可以实现的。我们需要一枚强有力的大火箭，还需要一艘和度假别墅一样大的宇宙飞船。要知道，它得容纳4个或者6个人在里面住上8个月呢。

乘坐专门的火星着陆器，我们可以在火星表面着陆。在那里待上几个星期之后，我们再回到宇宙飞船上。8个月后，我们就回到家里啦。

唯一的问题就是：前往火星的旅程费用十分昂贵。而且，这段旅程很艰难，也很危险。因此，目前还没有人踏上这段旅程。

火星家园

我们做了各种各样的计划，想要在火星上建立新的家园。那也许是一个能容纳几十人居住的火星村，说不定一住就是一辈子，那可就是真真正正地搬去火星生活了。也许，到了2050年，这个想法就能实现了。

只不过，这件事不像想象中那么好玩。火星上的空气非常稀薄，太阳光和宇宙辐射很强，想去户外，就必须穿上专门的火星服。当然了，那里也没有饭馆，要吃饭就得自己想办法。万一得了重病那可怎么办呢？地球上有医院，可是火星上没有啊！

地球万岁

火星上的生活可不是闹着玩的。那里的温度通常在零下50摄氏度左右。那里没有水，还有强烈的沙尘暴。那里没有大树，没有小花，没有小鸟。差点儿忘了，那里也没有主题乐园。

不过，有些人还是认为，去火星居住是很有必要的。他们担心地球会因为气候变化之类的原因变得不再适宜人类居住。如果真有那么一天，我们或许就不得不搬到别的行星上去居住了。可是，我们明明也可以更好地保护我们的地球啊。少一点儿污染，少用一点儿塑料，少吃点儿肉。

假如我们能照顾好地球，我们就能继续在这颗美丽的星球上生活下去。地球万岁！

重力

你知道在火星上会发生什么好玩的变化吗？你的体重会比在地球上轻很多。假如你在地球上的体重是35千克，那么到了火星上，你就只有14千克了！但是，你的力气却丝毫没有减少。所以，一旦到了火星上，你就能蹦得特别高。而且，你能不费吹灰之力就拎起一辆自行车。自行车也变轻了，所以，你只需要用一只手就够了。

地球上的重力把所有的东西都往地下拽。火星比地球小一些，因此，火星上的重力也小得多。假如你在地球上扔一个球，球会在1秒之内落地。但在火星上，它的落地时间是地球上的2.5倍！

月球比火星更小。因此，月球上的重力也更小。任何东西在月球上的重量是在地球上的1/6。要是在月球上蹦一下，弹跳的高度也是地球上的6倍。

目前，越来越多的公司提供商业太空旅行服务。希望在不久的将来，你的国家也会诞生商业太空飞行，你想试试吗？

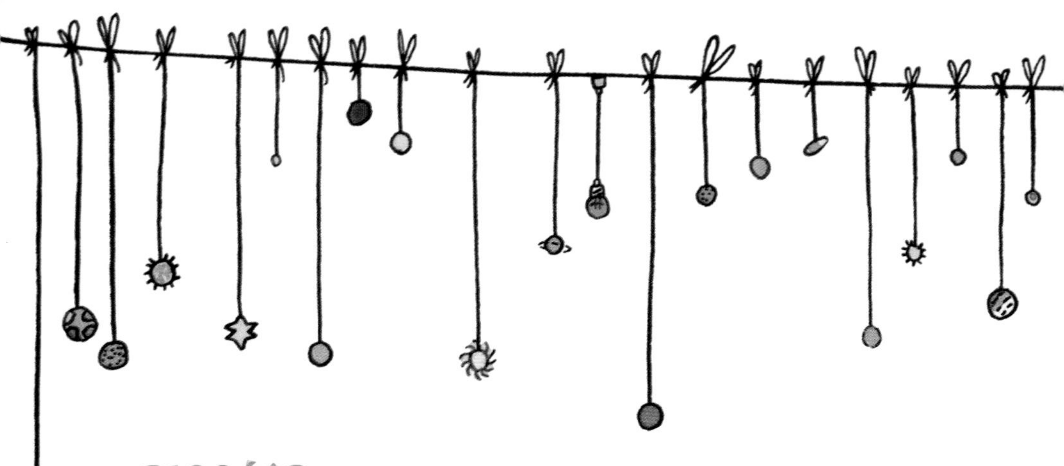

2100年？

飞向星星的太空旅行

你有没有见过天上的星星？每逢晴朗的夜空，我们能看见几千颗星星。不过，这得是在黑漆漆的、没有路灯的地方才行。

其实，这成千上万个小亮点是一个又一个恒星，其中有一些比太阳更亮、更热。只不过，它们离我们太远了，所以看起来只有一丁点儿大。离太阳最近的恒星系统叫半人马座α星，该系统有3颗星星，从澳大利亚或南非可以看得一清二楚。

然而，半人马座α星与我们之间的距离少说也有4.4光年，普通的宇宙飞船要飞上50000年才能到达那里！

通往半人马座α星的旅途

在美国，有人想出了一个办法，它能让我们以更快的速度到达半人马座α星。这个计划不需要人类，只需要小巧玲珑的纳米宇宙飞船。这些宇宙飞船和一块橡皮差不多大，它们在环绕地球的轨道里展开3米×3米的光帆。紧接着，我们从地球上发射出耀眼的激光，用激光推动光帆。这样一来，宇宙飞船就会越飞越快。这个计划成本高昂。可是，一旦成功，我们只需要25年就能飞到半人马座α星上了。

其他行星

半人马座α星的成员之一比邻星是一颗小小的恒星，它是离太阳最近的恒星。它的光芒非常黯淡。想从地球上看见它，必须使用望远镜。比邻星十分独特，它的周围围绕着两颗行星，其中一颗与地球有点儿相似。那里会不会存在生命呢?

假如派一艘宇宙飞船飞向半人马座α星，它当然也可以顺便去比邻星上瞧一眼，给这颗星球拍几张照片，发送回地球。

也许，到了2100年，这个想法就能实现了。到那个时候，你多大了?

光的速度是每秒300000千米！即便这样，它也得经过许多年才能从地球到达另一颗恒星。

2200年？

地球，再见！

加加林是全世界第一位登上太空的航天员，他在几百千米的高空中完成了绕地球一周的旅行。阿姆斯特朗是第一个登上月球的人类，要知道，月球与我们之间的距离约为38万千米。也许，再过几年，人类就能登上火星了，那会是一段几千万千米的旅程。

那么，人类能到达其他恒星吗？人类能寻访陌生而又遥远的行星吗？人类真的能探索整个宇宙吗？你怎么看？

太空宝宝

想要移民其他恒星，就要建造出一艘超大、超快的宇宙飞船才行。它得有一个村庄那么大，说不定要装上几百号人。毕竟，这艘宇宙飞船要飞成百上千年的时间。船舱里的老人会死去，不过，幸好也会有宝宝出生——太空宝宝。等他们长大了，又会有新的宝宝出生。

终于，这些人的第18代子孙到达了另一颗恒星上。他们对地球的认知只能来自图片。

宇宙里的生活

我们还要等上很久很久，才能见到这类太空旅行成为现实。说不定，那时候已经是2200年。在有些人看来，这根本就是异想天开。

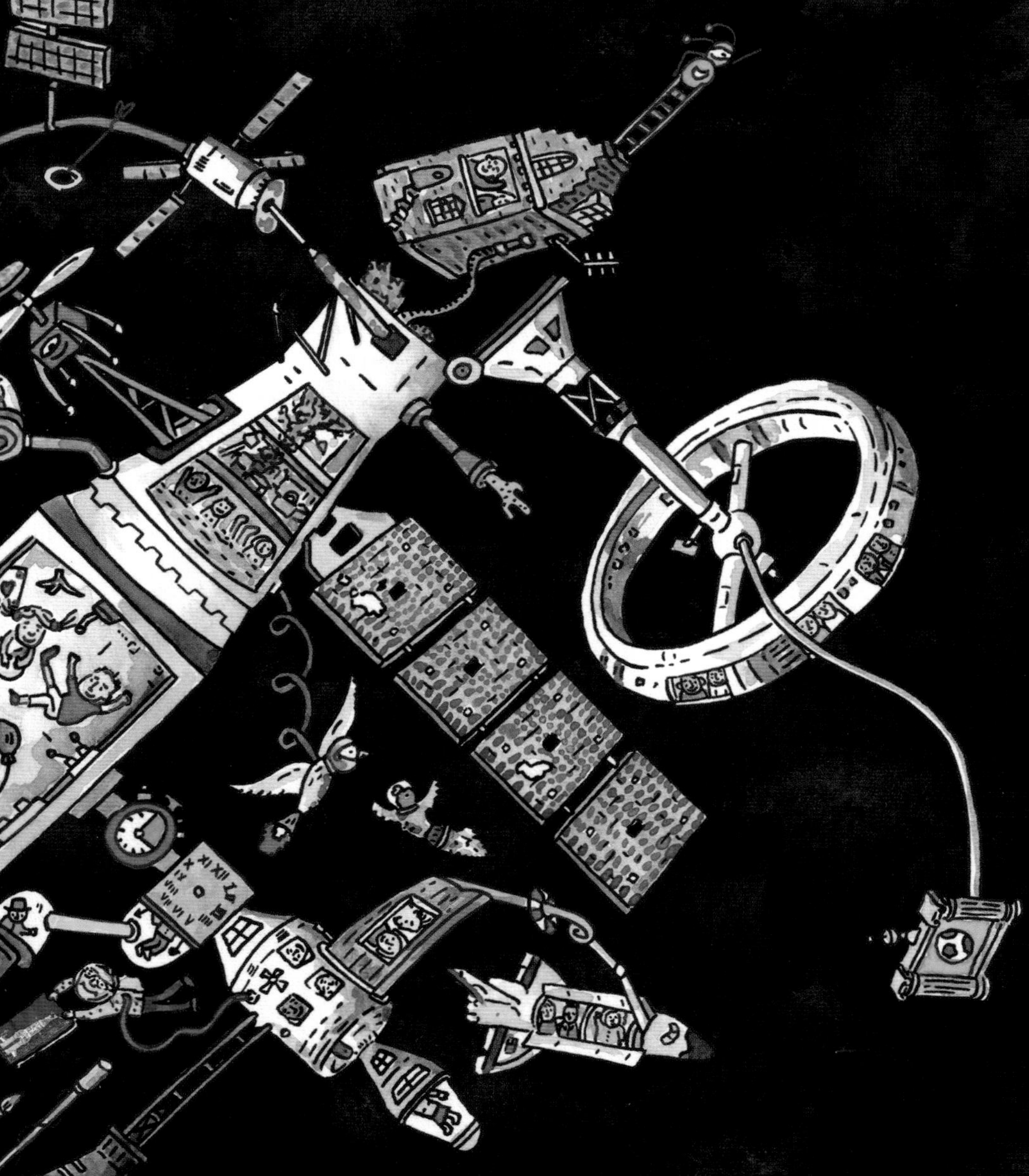

话说回来，几百年前的人们也认为登上月球是不可能的。这就是太空旅行的乐趣——越来越多的想法变成了现实。我们无法想象未来是什么样的。

假如有一天，人类真的能飞往太阳系之外的恒星，那么我们一定也会去探访其他行星。也许，那里生长着透明的大树和银色的植物。说不定我们还会见到3个脑袋的动物和长着吸盘的绿色外星人。

这就是宇宙最有意思的地方。你可以尽情地发挥你的想象力，快快拿出你的图画纸和彩色铅笔，画下你想象中的宇宙吧！

你找到古希腊时期还没有被发明出来的8种东西了吗？
这就是第7页中问题的答案：

46～47页的月球上布满了小巧玲珑的金色月岩，一共有11颗！

瓦力和伊芙的模样十分相似。不过，它们有7个不同之处。
答案在这里：